Primaria

Matemáticas 3

Segundo trimestre

Luis Ferrero de Pablo
Pablo Martín Martín
José Manuel Gómez Quesada

ANAYA

Los contenidos

y aprendo

Producto final

Cálculo mental	Zona razona	Resuelvo problemas	Producto final
• Suma 10 a un número de dos o de tres cifras • Resta 10 a un número de dos o de tres cifras	• El mayor y el menor número con cuatro cifras • Adivina un número de tres cifras • Averigua un número de cuatro cifras	• Sigo unos pasos	• Organización de un torneo de cartas
• Suma decenas completas a decenas completas • Resta decenas completas a decenas completas	• Completa la serie • Obtén el valor de los símbolos • Aplica la propiedad asociativa	• Ordeno el enunciado	• Publicación de la clasificación de un campeonato
• Suma 20, 30, 40 a números de dos cifras • Resta 20, 30, 40 a números de dos cifras	• ¿Qué valor tiene cada figura?	• Planteo las operaciones necesarias	• Presentación de un truco de magia
• Suma 100 a un número de tres cifras • Resta 100 a un número de tres cifras		• Elijo la solución correcta	• Mural con un gráfico de barras

Repaso trimestral

• Suma centenas completas a centenas completas • Resta centenas completas a centenas completas	• Averigua el valor de una incógnita	• Selecciono los datos necesarios	• Exposición de un plano creado como un puzle
• Suma 200, 300, 400… a números de tres cifras • Resta 200, 300, 400… a números de tres cifras	• Sigue una serie lógica de figuras	• Simplifico el problema	• Juego de memoria
• Suma 9 a números de dos cifras • Resta 9 a números de dos cifras	• Vértices y lados de un triángulo	• Tanteo	• Exposición fotográfica de figuras geométricas
• Suma 19 a números de dos cifras • Resta 19 a números de dos cifras	• Reparto de una tarta en ocho partes haciendo tres cortes	• Hago un dibujo o un esquema	• Juego de patio

Repaso trimestral

• Suma 11 a números de dos cifras • Resta 11 a números de dos cifras	• Compara medidas	• Asocio cada enunciado con las operaciones	• Mercadillo
• Suma 21 a números de dos cifras • Resta 21 a números de dos cifras		• Organizo los datos	• Mural con las siluetas
• Suma 99 a números de tres cifras • Resta 99 a números de tres cifras	• Compara y ordena por pesos	• Identifico el dato que falta	• Hacer una barra de pan
• Suma 101 a números de tres cifras • Resta 101 a números de tres cifras	• ¿Cuántos cubos hay en una figura?	• Observo regularidades	• Exposición de poliedros

Repaso trimestral

5 La división

A menudo se nos presentan situaciones en las que es necesario repartir en partes iguales.
La división es la operación matemática que te ayudará en estos casos.

Te proponemos un reto

¿Te atreves a jugar con la división?

Para superar el reto... investigo y aprendo	Para demostrar que lo he superado... hago un puzle de piezas iguales
La división como reparto	Paso 1. Preparamos el material.
La división exacta e inexacta	Paso 2. Completamos cuatro casillas con divisiones exactas e inexactas.
Dividimos decenas y unidades	Paso 3. Escribimos en tres casillas divisiones de dos cifras entre una.
Dividimos centenas, decenas y unidades	Paso 4. Situamos en tres casillas divisiones de tres cifras entre una.
Divisiones con ceros en el cociente	Paso 5. Terminamos el tablero y... ¡jugamos!
Criterios de divisibilidad por 2 y por 3	
Criterios de divisibilidad por 5 y por 10	

La división como reparto

Así reparte Carmen los 9 bombones entre sus 4 amigos.

1 En cada reparto, entrega un bombón a cada amigo.

2 Carmen ha dado 2 bombones a cada uno y le sobra 1 bombón.

Este reparto lo expresamos con una división:

Dividendo (D)
Cantidad que se reparte.

Divisor (d)
Entre cuántos se reparte.

9 |4
1 2

Resto (r)
Cantidad que sobra.

Cociente (c)
Cantidad que le corresponde a cada uno.

Dividir es repartir en partes iguales. Los términos de la división son:

dividendo (D) **divisor (d)** **cociente (c)** **resto (r)**

Los signos de la división son |___ o **:**.

1 Laura reparte 13 monedas entre sus cuatro amigas:

	Monedas que tiene	Reparte 1 moneda a cada amiga	Le quedan
Primer reparto	13 monedas	4 monedas	9 monedas
Segundo reparto	9 monedas	4 monedas	5 monedas
Tercer reparto	5 monedas	4 monedas	1 moneda
	Total	12 monedas	

¿Cuántas monedas han quedado sin repartir?

2 Copia y completa estos repartos en tu cuaderno:

a) Diecisiete pinturas en cinco botes.

17 | 5
□ 3

En cada bote se han puesto ? pinturas; sobran ? pinturas.

b) Treinta y cinco postales en ocho láminas.

35 | 8
□ 4

En cada lámina se han puesto ? postales; sobran ? postales.

Problemas

3 ¿Cuántas cuentas de collar le corresponden a cada uno? ¿Cuántas sobran?

Investiga y escribe una redacción indicando de dónde provienen las perlas que se utilizan en joyería y por qué son tan valiosas.

Paso 1 2 3 4 5

Preparamos el material.

Para poder jugar, necesitarás dos plantillas, una de casillas vacías y otra con un mapa de fondo, y dos cartulinas tamaño A4. Las plantillas puedes encontrarlas en el banco de recursos de la web de Anaya. En una de las cartulinas pegarás la plantilla con el mapa, y en la otra, la que solo está dividida en casillas blancas. Cada plantilla se ha dividido en 12 casillas iguales.

Cálculo mental

Suma centenas completas a centenas completas, como se indica en el ejemplo:

300 + 500 = 800 (3 + 5 = 8)

700 + 200	500 + 400	100 + 900
600 + 200	300 + 400	700 + 300
300 + 300	500 + 500	
800 + 400	600 + 600	

La división exacta e inexacta

Observa cómo repartimos 12 flores en 3 macetas:

1 Buscamos un número que multiplicado por 3 dé lo más próximo a 12 sin superarlo.

$3 \times 3 = 9 \rightarrow 9 < 12$

$3 \times 4 = 12 \rightarrow 12 = 12$

$3 \times 5 = 15 \rightarrow 15 > 12$

2 Escribimos 4 en el cociente y restamos 12 al dividendo.

$3 \times 4 = 12 \rightarrow$

```
  1 2 |3
- 1 2  4
  ---
    0
```

División exacta

$12 : 3 = 4$

¿Qué pasaría si se reparten 14 flores en 3 macetas?

1 Igual que antes, buscamos un número que al multiplicar por 3 dé lo más próximo a 14 sin pasarnos.

$3 \times 4 = 12 \rightarrow 12 < 14$

$3 \times 5 = 15 \rightarrow 15 > 12$

2 Escribimos la división igual que en el caso anterior.

$3 \times 4 = 12 \rightarrow$

```
  1 4 |3
- 1 2  4
  ---
    2
```

División inexacta

Una **división** es **exacta** cuando su resto es cero, y se cumple:

$$\mathbf{D = d \times c}$$

Una **división** es **inexacta** cuando su resto es distinto de cero, y se cumple:

$$\mathbf{D = d \times c + r}$$

1 Realiza estas divisiones y di si son exactas o inexactas:

a) 27 | 3 c) 35 | 4 e) 36 | 9 g) 32 | 4

b) 52 | 9 d) 38 | 7 f) 47 | 5 h) 56 | 7

¿Son exactas todas las divisiones? ¿Por qué?

2 Copia y completa la tabla en tu cuaderno:

Dividendo	15	57	44		56	30
Divisor	3	7	5	7		4
Cociente		8		3	8	
Resto		1		0		

3 Calcula la mitad, el tercio y el cuarto de los siguientes números:

a) 12 b) 24 c) 36 d) 48

Problemas

4 Para comprar un videojuego de 48 € entre seis hermanos, ¿cuánto tiene que poner cada uno si todos ponen la misma cantidad?

5 Observa el dibujo. Escribe el enunciado de un problema que se resuelva con una división y halla la solución.

Folio giratorio Inventad problemas sobre situaciones cuando compráis en tiendas.

6 Observa la cantidad de agua del depósito y contesta a las preguntas:

Si se envasa toda el agua en botellas de dos litros, ¿cuántas botellas se necesitan?

7 Laura tiene 27 manzanas para hacer tartas. Si utiliza 4 manzanas para cada una, ¿cuántas tartas puede hacer? ¿Cuántas manzanas le sobran?

Recuerda

Para hallar la **mitad** de un número, dividimos entre dos.

12 : 2 = 6

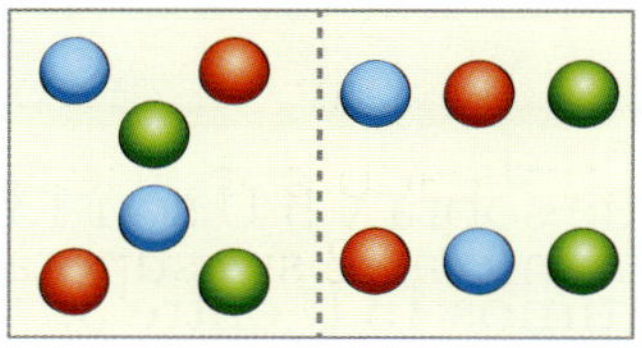

Para hallar el **tercio** de un número, dividimos entre tres.

12 : 3 = 4

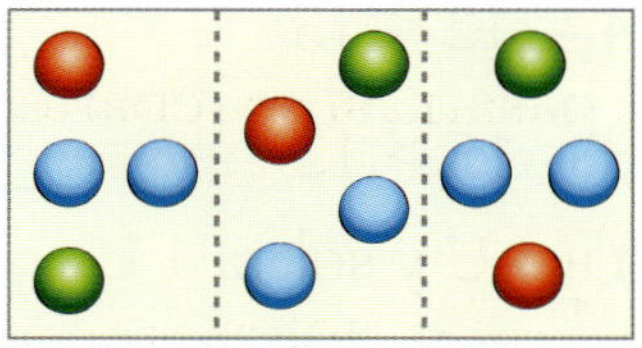

1 2 Paso 3 4 5

Completamos cuatro casillas con divisiones exactas e inexactas.

En primer lugar, tenemos que rellenar cada casilla en blanco con una división. En este paso, elige cuatro casillas blancas cualesquiera. En dos de ellas, escribe una división exacta en la parte de arriba y, en la de abajo, c = ... En las otras dos, escribe dos divisiones inexactas en la parte de arriba y r = ... en la de abajo. Después, en la cartulina con el mapa, en las mismas casillas, escribe los cocientes y los restos. Por ejemplo:

	25 : 5 c =	
		14 : 3 r =
18 : 6 c =		
		43 : 9 r =

	5	
		2
3		
		7

Dividimos decenas y unidades

Observa cómo dividimos 73 entre 3 siguiendo estos pasos:

1

Repartimos 7 D entre 3.

$3 \times 1 = 3 < 7$

$3 \times 2 = 6 < 7$

$3 \times 3 = 9 > 7$

Tocan a 2 D y queda 1 D.

	D	U
	7	3
−	6	
	1	

Divisor: 3 — Cociente: D 2, U (vacío)

2

1 D que sobra y 3 U son 13 U.

Repartimos 13 U entre 3.

$3 \times 1 = 3 < 13$

$3 \times 2 = 6 < 13$

$3 \times 3 = 9 < 13$

$3 \times 4 = 12 < 13$

$3 \times 5 = 15 > 13$

Tocan a 4 U y sobra 1 U.

	D	U
	7	3
−	6	
	1	3
−	1	2
		1

Divisor: 3 — Cociente: D 2, U 4

3

En la práctica, no se escriben las restas en las divisiones; se calculan mentalmente y se escriben los resultados.

```
7 3 |3
1 3  24
  1
```

Prueba de la división: para comprobar si una división está bien hecha, multiplicamos el divisor por el cociente y le sumamos el resto. El resultado debe ser el dividendo.

$$d \times c + r = D$$

1 Copia y completa estas divisiones en tu cuaderno:

```
4 8 |7        9 5 |6        9 4 |8        ☐ 4 |3
  ☐  6        3 ☐  ☐5       1 4  ☐☐       2 4  2☐
                ☐             ☐             ☐
```

2 Calcula en tu cuaderno y haz la prueba:

a) 87 |7 b) 96 |6 c) 76 |3 d) 74 |4

3 Realiza estas divisiones e indica si son exactas o inexactas:

a) 82 : 4 c) 86 : 7 e) 82 : 6

b) 60 : 5 d) 94 : 8 f) 48 : 3

4 Calcula el dividendo en cada caso:

a) En una división exacta, 13 es el cociente y 7 es el divisor.

b) En una división inexacta, el divisor es 8, el cociente 9 y el resto, 5.

5 Copia y completa la tabla en tu cuaderno:

Dividendo	60	96			81
Divisor	5	8	4	3	5
Cociente	12		17	13	
Resto	0		0	1	

1 2 3 Paso 4 5

Escribimos en tres casillas divisiones de dos cifras entre una.

De la misma forma que en los pasos anteriores, ahora completamos tres casillas con tres divisiones de números de dos cifras entre números de una cifra, y colocamos c = ... para que la respuesta sea el cociente. Por ejemplo:

97 : 7 c =	25 : 5 c =	43 : 2 c =
		14 : 3 r =
18 : 6 c =	61 : 4 c =	
		43 : 9 r =

13	5	21
		2
3	15	
		7

Problemas

6 Se quieren envasar 75 litros de gasolina en garrafas de 5 litros. ¿Cuántas garrafas se necesitan?

7 Asier junta el dinero de sus dos huchas para comprar sobres de cromos. ¿Cuántos sobres puede comprar?

8 Elisa y su madre envasaron 93 trufas en cajas de 8 trufas cada una. Las que sobraron, se las comió Elisa. ¿Cuántas cajas envasaron? ¿Cuántas trufas se comió Elisa?

9 La profesora ha repartido las piezas de un puzle entre los seis equipos de la clase. Cada equipo ha recibido 24 piezas y han sobrado cuatro. ¿Cuántas piezas forman el puzle?

Dividimos centenas, decenas y unidades

Observa cómo repartimos 182 balones entre 4 personas:

1

Como no podemos repartir 1 C entre 4, repartimos 18 D:

$4 \times 1 = 4 < 18$

$4 \times 2 = 8 < 18$

$4 \times 3 = 12 < 18$

$4 \times 4 = 16 < 18$

$4 \times 5 = 20 > 18$

C	D	U	
1	8	2	4
	2		

D	U
4	

Tocan a 4 D y sobran 2 D.

2

2 D que sobran y 2 U son 22 U. Repartimos 22 U:

$4 \times 4 = 16 < 22$

$4 \times 5 = 20 < 22$

$4 \times 6 = 24 > 22$

C	D	U	
1	8	2	4
	2	2	
		2	

D	U
4	5

Tocan a 5 U y sobran 2 U.

Hacemos la prueba de la división:

$$\mathbf{d \times c + r = D} \rightarrow 4 \times 45 + 2 = 180 + 2 = 182$$

1 Realiza estas divisiones en tu cuaderno, sin escribir las restas, y haz la prueba:

a) 138 ⌊3 c) 452 ⌊7 e) 324 ⌊5 g) 733 ⌊6

b) 213 : 9 d) 226 : 2 f) 715 : 4 h) 936 : 8

2 Copia y escribe las cifras que faltan en estas divisiones:

Dividendo	Divisor	Cociente	Resto
3 5 3	9	3 □	□
2 □ □	3	7 □	□
□ □ □	8	3 □	□

(Restos parciales: 1.ª división: □□; 2.ª división: 2 5; 3.ª división: 1 4)

3 En una división, el divisor es 7; el cociente, 14, y el dividendo, 104. ¿Cuál es el resto?

Problemas

4 Pedro reparte 347 pelotas de golf en 7 bolsas iguales. ¿Cuántas pelotas pondrá en cada bolsa? ¿Le sobra alguna pelota?

5 Si hacemos sacos de 9 kilogramos, ¿cuántos sacos llenamos?

6 ¿Cuántas semanas completas hay en un año?

1 2 3 4 5 Paso

Situamos en tres casillas divisiones de tres cifras entre una.

De las cinco casillas que quedan libres, rellena tres con divisiones de números de tres cifras entre números de una cifra, y coloca c = … en la parte inferior de cada una de ellas.

Escribe el valor de cada cociente en las casillas del dibujo. Por ejemplo:

97 : 7 c =	25 : 5 c =	43 : 2 c =
728 : 8 c =		14 : 3 r =
18 : 6 c =	61 : 4 c =	540 : 7 c =
231 : 6 c =		43 : 9 r =

13	5	21
91		2
3	15	77
38		7

7 La semana cicloturista de Ibdes consta de 301 kilómetros repartidos en siete etapas de la misma longitud. ¿Cuántos kilómetros recorrieron cada día los participantes?

8 Daniel tiene un rebaño de 152 ovejas en su granja. Si cada día esquila seis ovejas, ¿cuántos días tardará en esquilar a todas?

Tienes que hacer una propuesta a una empresa de tejidos para venderle la lana de tus ovejas. Piensa, al menos, tres objetos que podría fabricar la empresa para que estuviera interesada en comprártela.

Usos diferentes Piensa y escribe diferentes usos que se le pueden dar a la división en situaciones de la vida cotidiana.

Zona razona

¿Cuánto tiene que valer A para que la suma esté bien hecha?

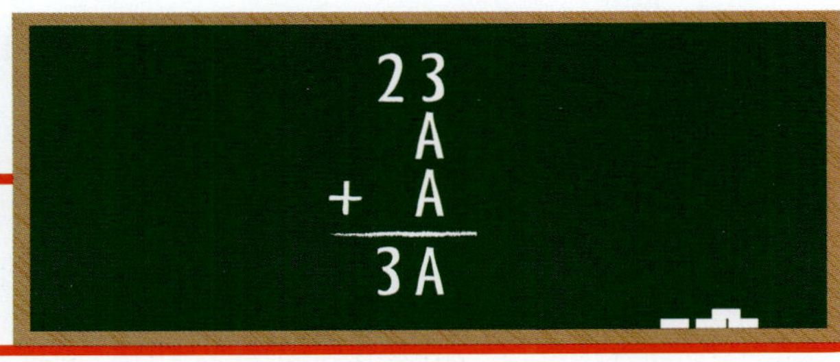

Divisiones con ceros en el cociente

Ceros intermedios en el cociente

Así dividimos 914 entre 3:

1 Repartimos 9 C entre 3:

C	D	U		3		
9	1	4		C	D	U
0	1			3		

Tocan a 3 C y no sobra ninguna centena.

2 Como no podemos repartir 1 D entre 3, escribimos cero en el cociente y seguimos dividiendo:

C	D	U		3		
9	1	4		C	D	U
0	1			3	0	

3 Repartimos 14 U entre 3:

C	D	U		3		
9	1	4		C	D	U
0	1	4		3	0	4
		2				

Tocan a 4 U y sobran 2 U.

Ceros finales en el cociente

Así dividimos 843 entre 6:

1 Repartimos 8 C entre 6:

C	D	U		6		
8	4	3		C	D	U
2				1		

Tocan a 1 C y sobran 2 C.
2 C = 20 D

2 Repartimos 24 D entre 6:

C	D	U		6		
8	4	3		C	D	U
2	4			1	4	
	0					

Tocan a 4 D y no sobra ninguna decena.

3 Como no podemos repartir 3 U entre 6, ponemos un cero en el cociente:

C	D	U		6		
8	4	3		C	D	U
2	4			1	4	0
	0	3				

1 Realiza estas divisiones en tu cuaderno y haz la prueba:

a) 839 | 4 c) 811 | 3 e) 638 | 9 g) 548 | 5

b) 862 : 8 d) 961 : 4 f) 616 : 2 h) 985 : 7

2 Copia y corrige los errores de estas divisiones:

7 8 3	4
1 8	246
2 3	
1	

9 2 7	7
2 2	137
1 7	
0	

8 6 0	6
1 6	133
2 0	
2	

9 3 6	9
0 3 6	103
0 6	

anayaeducacion.es Consulta las actividades interactivas que te ofrecemos en el banco de recursos de esta unidad para practicar la división.

3 Para una competición de atletismo, se forman equipos de 6 corredores. ¿Cuántos equipos se pueden formar en cada colegio? ¿Cuántos estudiantes se quedan sin formar equipo?

Colegios	Estudiantes	Equipos completos	Estudiantes sin equipo
Los Cotos	656		
Cervantes	940		
Rosales	963		
Los Molinos	900		

Problemas

4 Una pastelería ha repartido 965 pasteles en ocho bandejas. ¿Cuántas bandejas completan? ¿Cuántos pasteles sobran?

5 Si el cine ha recaudado 963 €, ¿cuántas entradas vendió?

6 Un club de montaña llena seis autocares iguales para una excursión de 300 personas. ¿Cuántas plazas tenía cada autocar?

7 Un Ayuntamiento compra 280 cubos de reciclaje para repartir entre ocho distritos. ¿Cuántos le corresponden a cada uno?

8 Pablo tiene que repartir, a partes iguales, el agua del depósito para regar sus siete parcelas. ¿Cuántos litros le sobrarán para regar los tiestos de su casa?

Paso 5

Terminamos el tablero y... ¡jugamos!

Por último, completamos las casillas con dos divisiones: una con cero intermedio en el cociente y otra con cero final. Igual que antes, colocamos c = ... para escribir sus cocientes en las casillas del dibujo.

Para empezar a jugar, recortamos las 12 fichas de la cartulina con los resultados (la que tiene el mapa), las desordenamos y se las pasamos a un compañero o a una compañera. Para formar el puzle, tendrá que resolver las divisiones que has planteado y colocar la ficha con el resultado encima de cada división.

Criterios de divisibilidad por 2 y por 3

Los **criterios de divisibilidad** son reglas que permiten averiguar fácilmente si un número es divisible por otro sin necesidad de hacer la división.

Criterios de divisibilidad por 2

70 termina en 0, es divisible por 2.

70 : 2 = 35 70 = 35 × 2

58 termina en 8, es divisible por 2.

58 : 2 = 29 58 = 29 × 2

Un número es divisible por 2 si termina en 0 o en cifra par (2, 4, 6 u 8).

Criterios de divisibilidad por 3

48 → 4 + 8 = 12 → 12 es divisible por 3

48 es divisible por 3 porque la suma de sus cifras, 12, es divisible por 3.

Un número es divisible por 3 si la suma de sus cifras es divisible por 3.

1 Comprueba cuáles de estos números son divisibles por 2:

49 - 57 - 64 - 68 - 73 - 82 - 94 - 100 - 213 - 221

2 Completa la tabla en tu cuaderno.

Número	45	92	324	770	249	826
Es divisible por 2	No					
Es divisible por 3	Sí					

3 Rubén guarda 29 pelotas de tenis en botes de dos pelotas. ¿Se quedará algún bote con una sola pelota?

4 ¿Es el número 768 divisible por tres? Justifica tu respuesta.

5 De estos números, indica cuáles son, a la vez, divisibles por 2 y por 3:

72 - 54 - 38 - 51 - 48 - 94 - 99 - 100 - 129 - 138

Criterios de divisibilidad por 5 y por 10

Criterios de divisibilidad por 5

120 termina en 0 es divisible por 5.

120 : 5 = 24   120 = 24 × 5

95 termina en 5 es divisible por 5.

95 : 5 = 19   95 = 19 × 5

Un número es divisible por 5 si termina en 0 o en 5.

Criterios de divisibilidad por 10

230 termina en 0, es divisible por 10.

230 : 10 = 23   230 = 23 × 10

Un número es divisible por 10 si termina en 0.

1 Copia, completa la tabla en tu cuaderno y contesta.

	85	220	255	260	285	290	305
Divisible por 5	Sí						
Divisible por 10							

a) ¿Cuáles son divisibles por 5? ¿Y por 10?

b) ¿Qué tienen en común los números que son divisibles a la vez por 5 y por 10?

2 En cada bolsa de cumpleaños, Germán está guardando 10 gominolas y 5 chicles. ¿Cuántas bolsas se pueden completar para que tengan todas gominolas y chicles?

3 Ana, Cristina y Davinia están jugando a conseguir 100 puntos. Responde y razona tus respuestas:

a) ¿Puede Ana conseguir 100 puntos acertando siempre al 2? ¿Y acertando al 2 y al 5?

b) ¿Puede Cristina ganar la partida acertando siempre al 5?

c) ¿Llegará Davinia a los 100 puntos dándole siempre al 10? ¿Y al 2 y al 10?

Cálculo mental

Resta centenas completas a centenas completas. Fíjate en el ejemplo:

800 – 300 = 500

800 – 700	800 – 500
500 – 100	700 – 200
300 – 200	600 – 100
900 – 600	900 – 500
400 – 300	400 – 100

Resuelvo problemas

Selecciono los datos necesarios

Petición del oyente Aquí tienes varios enunciados en los que se dan más datos de los necesarios para resolver el problema. A partir de la pregunta, selecciona los que necesites y resuélvelos.

Ejemplo

Rosa tiene 30 caramelos de naranja y 48 de menta. Los reparte en bolsas con 8 caramelos cada una. ¿Cuántas bolsas necesita para los caramelos de menta?

1 Identifico la pregunta del enunciado.

¿Cuántas bolsas necesita para los caramelos de menta?

2 Extraigo los datos necesarios.

- 48 caramelos de menta.
- 8 caramelos de menta en cada bolsa.

3 Planteo y realizo las operaciones.

Como solo envasa los de menta:

48 : 8 = 6 bolsas

4 Escribo una oración con la solución.

Necesita 6 bolsas para repartir los caramelos de menta.

Ahora tú

1 En un club de patinaje hay un nivel avanzado con 18 personas y otro intermedio con 32. Si se hacen equipos de seis en cada nivel, ¿cuántas personas se quedan sin equipo en el intermedio?

2 Un zorro recorre 36 metros en 19 zancadas de la misma longitud, y una pantera, en nueve zancadas. ¿Cuál es la longitud de la zancada de la pantera?

3 Marta ha recogido 14 kilos de cerezas, y Abel, 16. Después, las envasan en cajas de tres kilos y las venden a 8 euros la caja. ¿Cuántas cajas han llenado?

4 Silvestre ha plantado en su huerto 75 patatas en 7 hileras iguales y 56 remolachas en 7 hileras también iguales. ¿Cuántas remolachas plantó en cada hilera?

Organizo mi mente

anayaeducacion.es
Dispones de una versión imprimible de esta página en el apartado «Organizo mi mente» del banco de recursos.

anayaeducacion.es
No olvides consultar los apartados «Para estudiar» y «Aprende jugando» en el banco de recursos.

1 Copia y completa el esquema en tu cuaderno y responde a las preguntas:

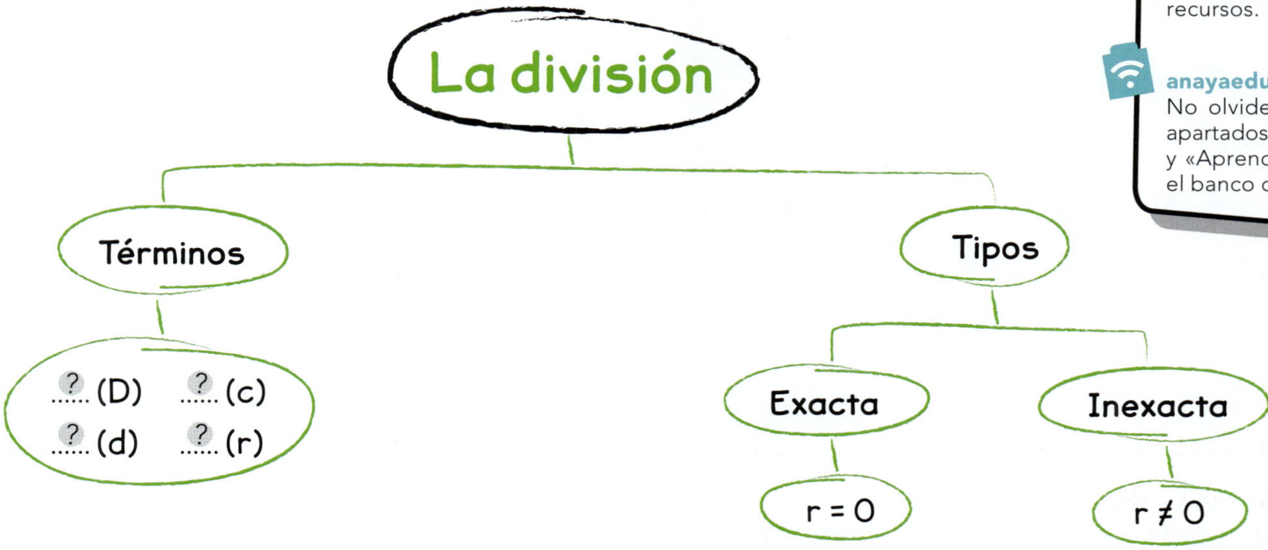

2 ¿Cuáles de las siguientes divisiones son exactas?

a) 328 | 3　　c) 147 | 7　　e) 169 | 5

b) 844 : 2　　d) 117 : 9　　f) 594 : 6

¿Con qué rama del esquema se relaciona esta actividad?

3 Comprueba si las siguientes divisiones son correctas:

a) 7 4 5 | 6
　1 4　　124
　　2 5
　　　1

b) 4 9 7 | 9
　4 7　　155
　　2

Incluye la prueba de la división dentro del esquema.

4 Realiza las siguientes divisiones con ceros en el cociente y di si son exactas:

a) 8 2 7 | 4　　c) 6 1 5 | 2　　e) 6 0 3 | 4

b) 9 1 5 | 7　　d) 6 1 9 | 6　　f) 9 3 2 | 3

5 Copia y completa la tabla en tu cuaderno:

Dividendo	306			252	366
Divisor	4	5	3	6	9
Cociente		83	69		
Resto		0	1	0	

¿Qué rama del esquema has utilizado para completar la tabla?

Colecciono palabras

1 Copia y completa en tu cuaderno utilizando el esquema anterior:

a) La cantidad que se reparte es el ...?... .

b) Entre cuántos se reparte es el ...?... .

c) La cantidad que le corresponde a cada uno es el ...?... .

d) La cantidad que sobra es el ...?... .

2 Copia y completa:

...?... → 4 8 | 9 ← ...?...
　　−4 5　5 ← ...?...
...?... → 3

3 Escribe en qué se diferencia una división exacta de una división inexacta. Pon un ejemplo.

Qué he aprendido

1 Realiza estas divisiones y di si son exactas:

a) 13 | 6   c) 18 | 4   e) 28 | 7

b) 34 : 8   d) 32 : 4   f) 36 : 7

2 Copia y completa la tabla.

	D	d	c	r	Exacta
36 : 4	36	4	9	0	Sí
27 : 5					
43 : 8					
52 : 9					

3 Halla la mitad y el tercio de estos números:

a) 12   b) 36   c) 48   d) 60

4 El divisor de una división es 6, el cociente es 91, y el resto, 4. ¿Cuál es el dividendo?

5 Expresa estas divisiones exactas en forma de multiplicación, como en el ejemplo:

$18 : 6 = 3 \rightarrow 6 \times 3 = 18$

a) $16 : 4 = 4$ c) $35 : 5 = 7$

b) $48 : 6 = 8$ d) $21 : 3 = 7$

6 Copia y escribe los números que faltan en estas divisiones:

□□ | 4
1 4   2□
  □

7□ | 6
□6   □2
  4

7 Realiza estas divisiones:

a) 172 : 3   b) 560 : 8   c) 625 : 4   d) 824 : 7

8 Escribe en tu cuaderno los siguientes números y subraya de azul, los que sean divisibles por 2; de verde, los que sean divisibles por 5 y tacha los que sean divisibles por 10:

2 - 3 - 25 - 40 - 333 - 435 - 9887 - 3055 - 9750

Problemas

9 Ánder coloca 30 flores en seis jarrones. ¿Cuántas flores pone en cada jarrón?

10 Ainhoa ha ordenado sus lápices de colores en cuatro cajas. Si ha puesto 5 lápices en cada caja y le sobra uno, ¿cuántos lápices de colores tiene en total?

11 Cuatro hermanos se reparten una bolsa de caramelos. Cada uno recibe siete y sobran tres. ¿Cuántos caramelos había en la bolsa?

12 Entre Gema, Irene, Manuel y Miguel han regalado un ramo de flores y un pañuelo a su tía María. ¿Cuánto tuvo que poner cada uno?

13 Con 120 € he comprado el *maillot* y seis pares de calcetines. ¿Cuánto vale un par de calcetines?

14 Lola tiene 35 cromos, y su hermano Paco, 15. ¿Cuántos cromos tiene que dar Lola a Paco para que los dos tengan los mismos?

15 Isabel ha pagado 67 euros por tres camisetas y dos pantalones. Cada camiseta cuesta 9 €. ¿Cuánto cuesta cada pantalón?

Cómo he aprendido

PORTFOLIO 5

Recuerda seleccionar el material de trabajo de esta unidad para tu portfolio.

anayaeducacion.es Dispones de una versión imprimible de esta página en el «Portfolio» del banco de recursos.

1 Copia el diagrama y colorea:

- (verde) No me ha costado
- (amarillo) Me ha costado, pero lo he superado
- (rojo) Me ha costado y aún debo superarlo

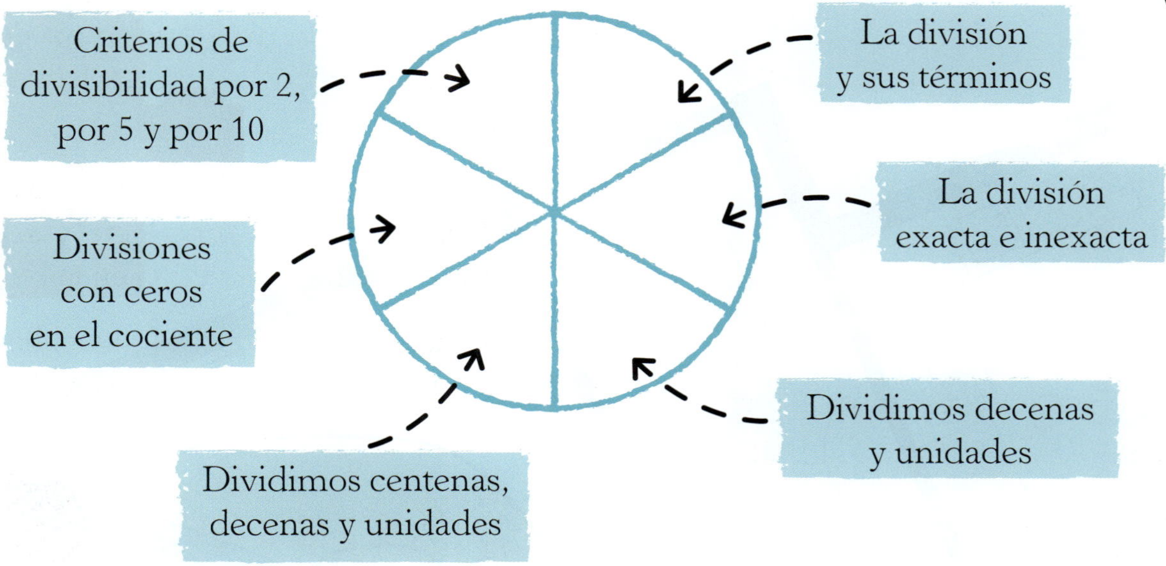

2 Pide a un compañero o compañera que te evalúe y haz tú lo mismo con alguien de la clase.

Excelente · Bien · Regular · Mal

Participación en clase · Atención en clase · Realización del reto · Ganas de aprender

a) ¿Estás de acuerdo con su valoración?

b) Escribe un compromiso para mejorar alguno de los aspectos sobre los que te han evaluado.

3 Copia la tabla y señala:

Me esfuerzo y lo hago lo mejor que puedo			
Ayudo a los demás			
Pido ayuda si no entiendo algo			

Completa EN TU CUADERNO o en la versión imprimible

anayaeducacion.es Descubre y comparte en familia.

6 Rectas y ángulos

Las rectas y los ángulos nos permiten diseñar los objetos, los lugares y los espacios que están a nuestro alrededor.

Te proponemos un reto

¿Te gustaría divertirte poniendo a prueba tu memoria con un juego de rectas y ángulos?

Para superar el reto... investigo y aprendo

- Rectas paralelas y rectas secantes
- Los ángulos: elementos
- Rectas perpendiculares y ángulos rectos
- Los ángulos según su abertura
- La situación de los objetos

Para demostrar que lo he superado... hago un juego de memoria

Paso 1 Diseñamos tarjetas con distintos tipos de rectas.

Paso 2 Diseñamos tarjetas con los elementos de los ángulos.

Paso 3 Diseñamos tarjetas con los ángulos según su abertura.

Paso 4 Jugamos con las tarjetas.

Rectas paralelas y rectas secantes

Rectas secantes

Las rectas que se cortan en un punto son **secantes.**

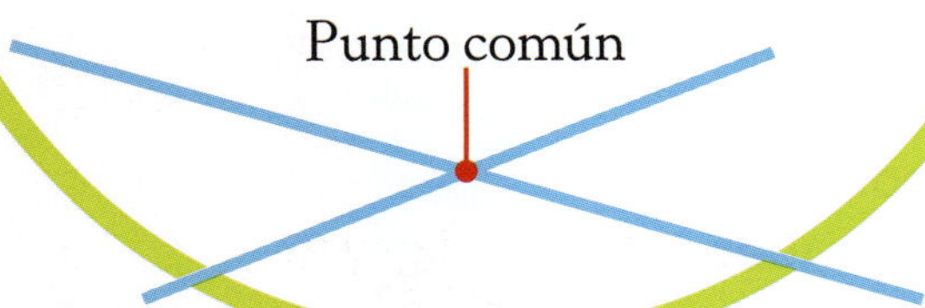

Rectas paralelas

Las rectas que no se cortan por mucho que se prolonguen son **paralelas.**

1 Observa la ilustración y contesta en tu cuaderno:

a) ¿Son paralelas la calle de los Robles y la calle de las Acacias?

b) ¿Cómo son entre sí la calle de las Acacias y la calle de los Madroños? ¿Y la calle de los Olmos y la calle de las Acacias?

2 Indica las rectas paralelas que ves en estos objetos:

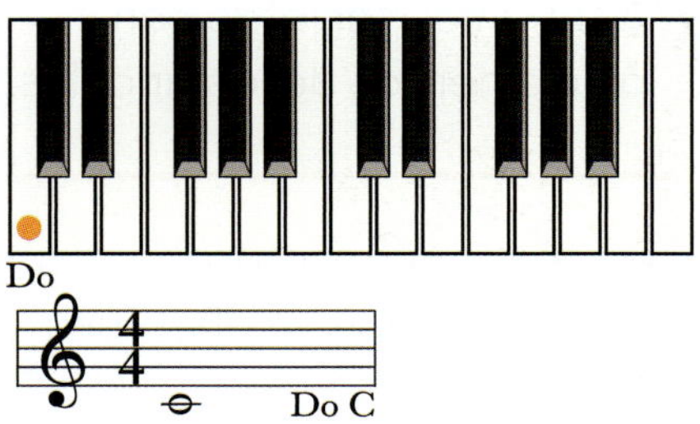

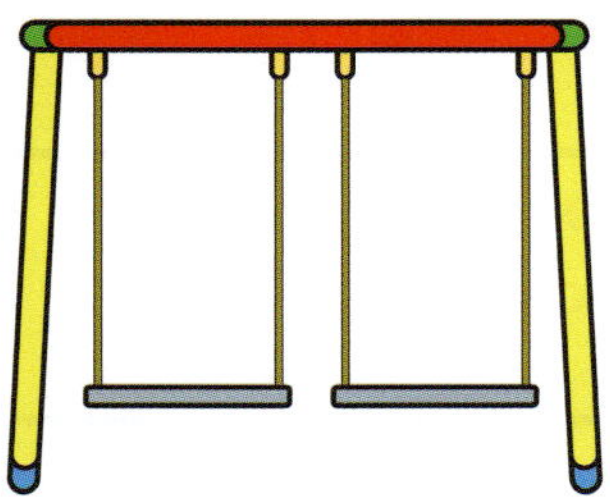

3 Observa estas rectas y contesta:

a) ¿Qué pares de rectas son paralelas?

b) ¿Qué pares de rectas son secantes?

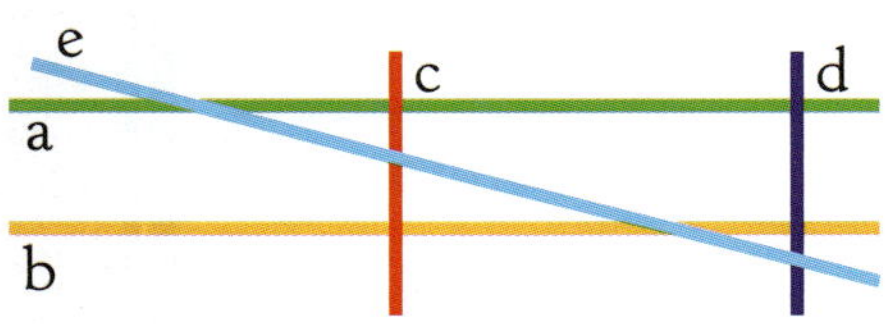

Recuerda

Las rectas, en matemáticas, no tienen ni principio ni fin. Para representarlas, solo dibujamos una parte.

Por ejemplo, estas dos rectas son secantes, aunque el punto de corte no se vea en el dibujo:

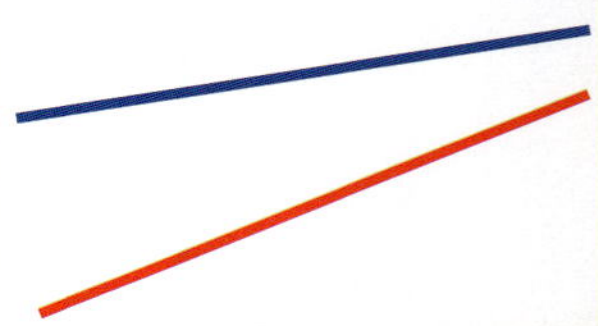

4 Observa la cancha de baloncesto de la figura de la derecha e indica qué líneas paralelas encuentras en ella.

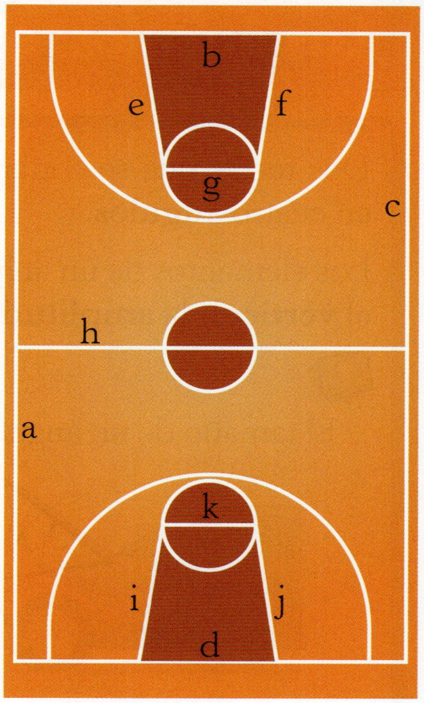

5 Dibuja en tu cuaderno estas señales de tráfico. Señala las líneas rectas que se corten y las paralelas que encuentres:

A

B

C

D

6 ¿Son paralelas las líneas que van de izquierda a derecha? ¿Por qué?

anayaeducacion.es Realiza las actividades interactivas que encontrarás en el banco de recursos de esta unidad.

Cálculo mental

Suma 200, 300, 400… a números de tres cifras siguiendo el ejemplo:

274 + 300 = 574

128 + 300
539 + 400

403 + 400
420 + 500

363 + 300
609 + 200

535 + 200
247 + 500

306 + 500
224 + 600

Paso 1 2 3 4

Diseñamos tarjetas con distintos tipos de rectas.

Dibuja rectas paralelas en dos tarjetas. Para ello, utiliza el cartabón y la escuadra. Sujeta firmemente la escuadra y apoya sobre uno de sus lados el cartabón, como se muestra en la imagen. Desliza el cartabón sin mover la escuadra.

En otras dos tarjetas diferentes y con la ayuda de una regla, dibuja rectas secantes.

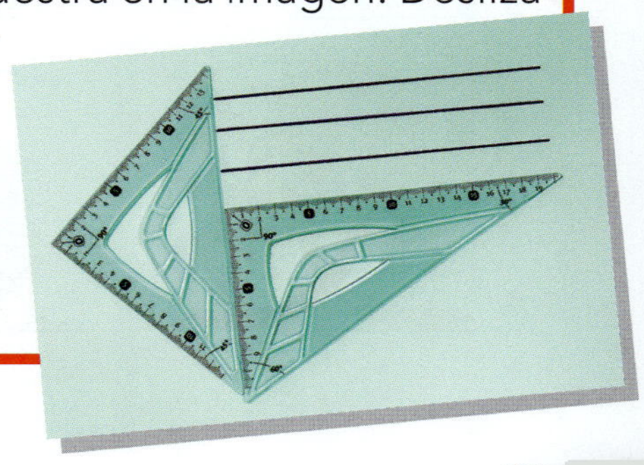

Los ángulos: elementos

Dos rectas que se cortan dividen el plano en cuatro **ángulos.**

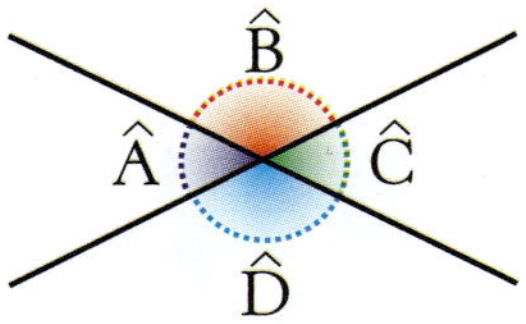

Los elementos de un ángulo son los **lados,** el **vértice** y la **amplitud** o **abertura.**

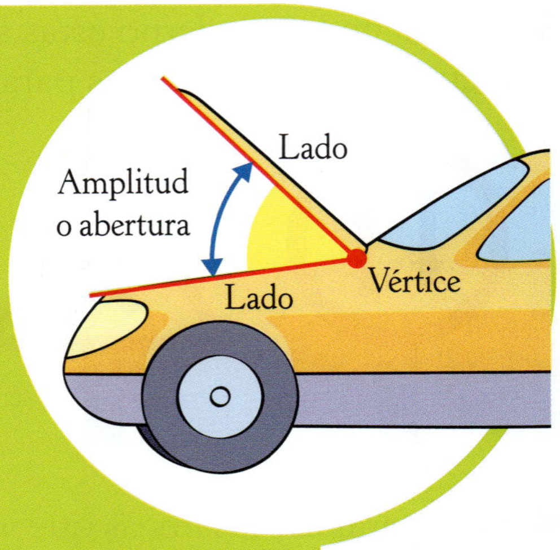

1

El tamaño de un ángulo depende de su abertura:

2

Para comparar dos ángulos:

- Calca y recorta uno de los dos.
- Ponlo encima del otro.

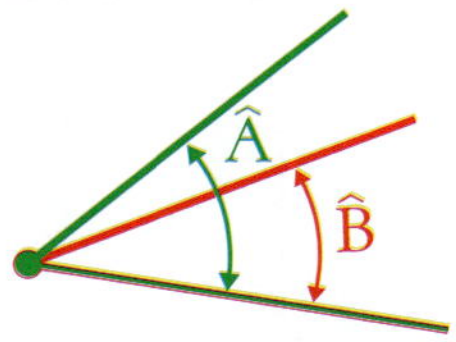

El ángulo verde es mayor porque tiene mayor abertura.

1 Dibuja en tu cuaderno un ángulo y coloréalo de amarillo. Marca los lados en rojo, el vértice en verde, y su abertura, en azul.

2 Copia estas rectas en tu cuaderno y señala los ángulos que forman:

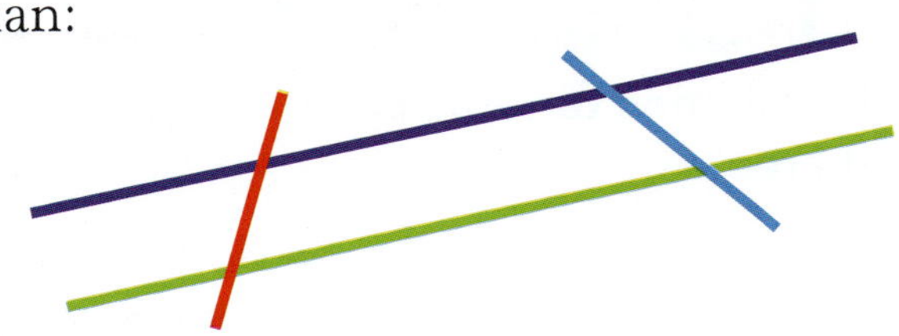

3 Cabezas numeradas De los tres ángulos dibujados, ¿cuál es el mayor?

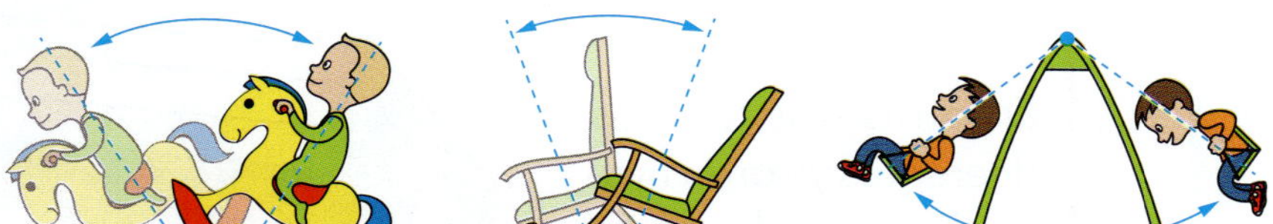

1 2 Paso 3 4

Diseñamos tarjetas con los elementos de los ángulos.

En dos tarjetas, dibuja un ángulo y señala su vértice.

En otras dos tarjetas diferentes, dibuja un ángulo e indica su abertura.

Por último, dibuja un ángulo y marca sus lados en otras dos tarjetas.

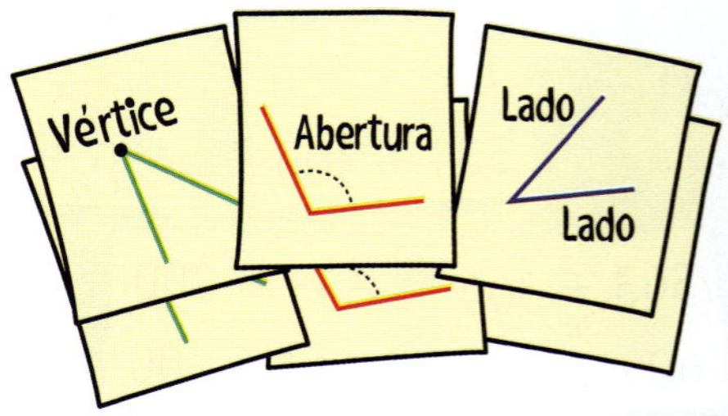

4 ¿En cuál de las tres cajas se ha abierto un ángulo mayor? ¿Y menor?

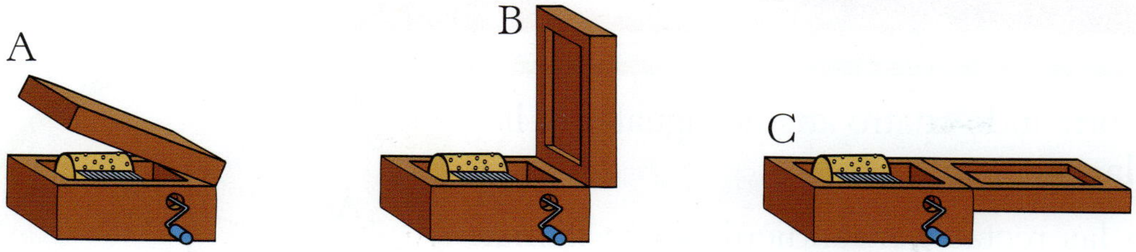

5 Dibuja en tu cuaderno los ángulos señalados en los siguientes dibujos, marca los lados, los vértices y la amplitud o abertura.

6 Ordena, de menor a mayor, los ángulos señalados en esta figura:

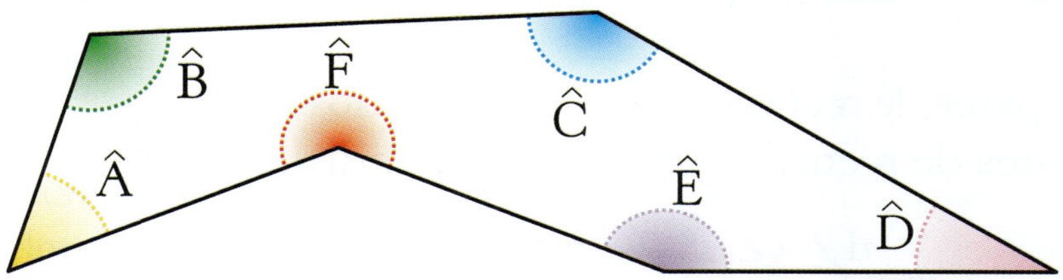

7 Dibuja un reloj y colorea en azul el ángulo que forma la aguja grande al girar desde las diez hasta las diez y diez.

Las diez en punto

Dibuja otro reloj y colorea en azul el ángulo que forma la aguja pequeña al girar entre las tres y las cuatro.

Zona razona

Copia y completa la última figura.

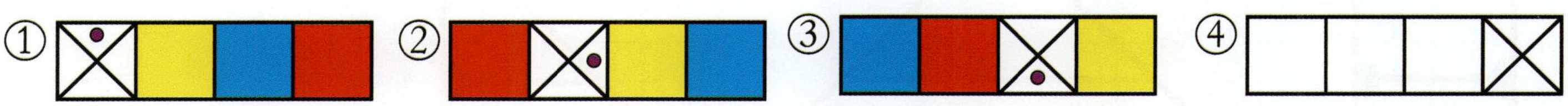

Rectas perpendiculares y ángulos rectos

Dos rectas que se cortan formando cuatro ángulos iguales se llaman **rectas perpendiculares.**

Los ángulos que forman las rectas perpendiculares se llaman **ángulos rectos.**

Observa los ángulos rectos en los ejemplos siguientes:

1

2

3

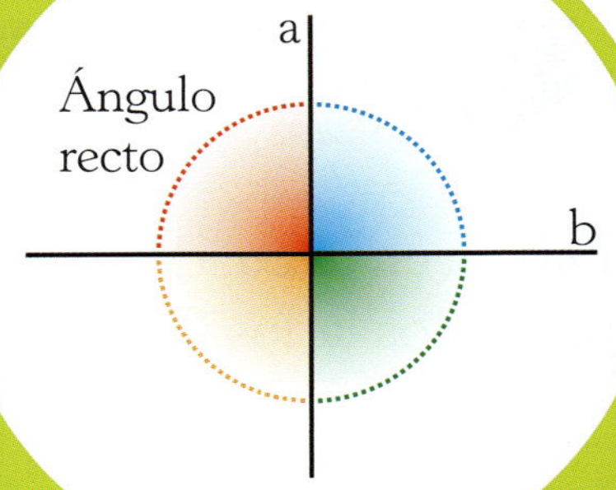

Las rectas a y b son perpendiculares.

1 Encuentra, entre estas rectas, dos pares de rectas perpendiculares, dos pares de rectas paralelas y dos pares de rectas secantes no perpendiculares:

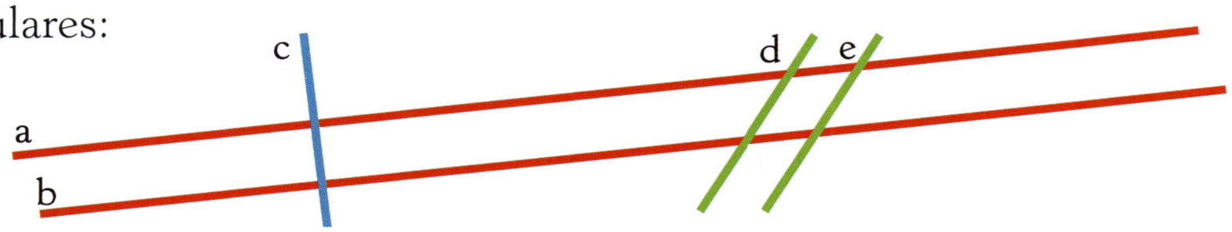

2 Encuentra dos pares de rectas perpendiculares en cada dibujo y cópialas en tu cuaderno:

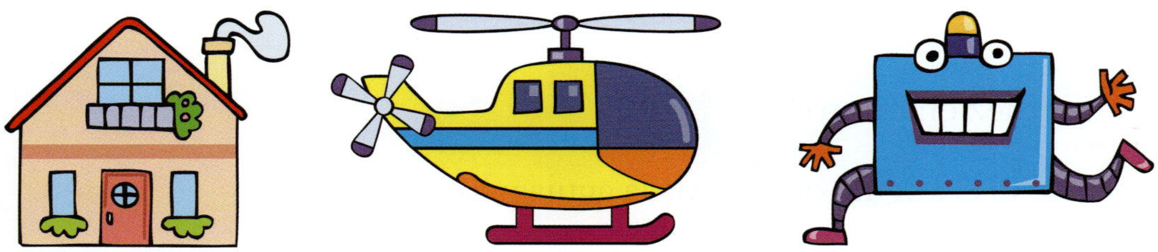

3 Escribe tu nombre y apellidos sobre papel cuadriculado de forma que cada letra tenga, al menos, un ángulo recto. Como ejemplo, te mostramos tres formas de representar la letra A:

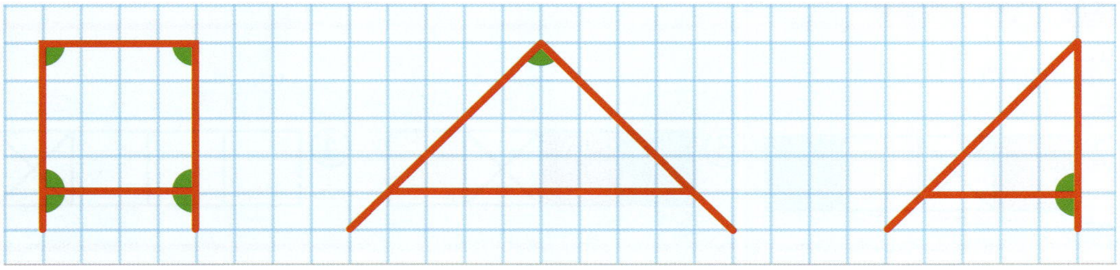

Piensa

Sin levantar el lápiz del papel, y sin pasar por ninguna línea dos veces, dibuja esta figura:

4 Dobla una hoja de papel. Vuelve a doblarla, haciendo coincidir los extremos del primer doblez. Abre la hoja y comprueba, con la escuadra, que las marcas de los dobleces son perpendiculares.

5 Copia en tu cuaderno las siguientes figuras y marca todos los ángulos rectos que encuentres:

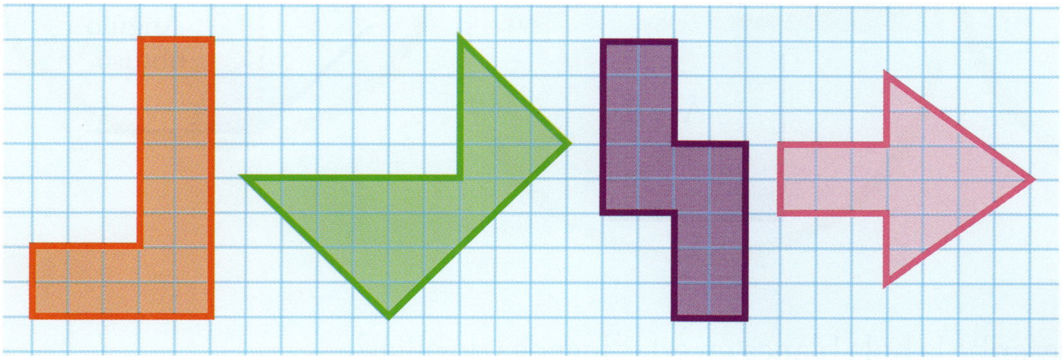

6 Dibuja un dado como el de la derecha y señala los ángulos rectos que encuentres.

7 ¿Cuántos ángulos rectos hay en el siguiente dibujo? Comenta el resultado con tus compañeros y compañeras:

Cálculo mental

Resta 200, 300, 400… a números de tres cifras como en el ejemplo:

529 − 200 = 329

348 − 200
470 − 300

506 − 300
733 − 400

920 − 400
428 − 200

691 − 500
706 − 500

844 − 700
909 − 600

Los ángulos según su abertura

1 ¿Qué tipo de ángulos describe la bola blanca en estas jugadas de billar?:

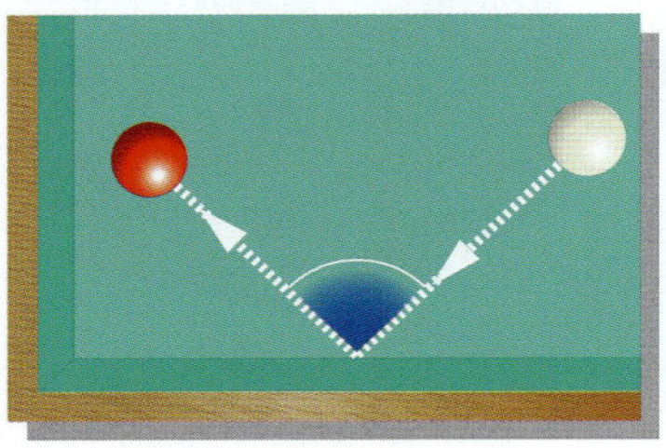

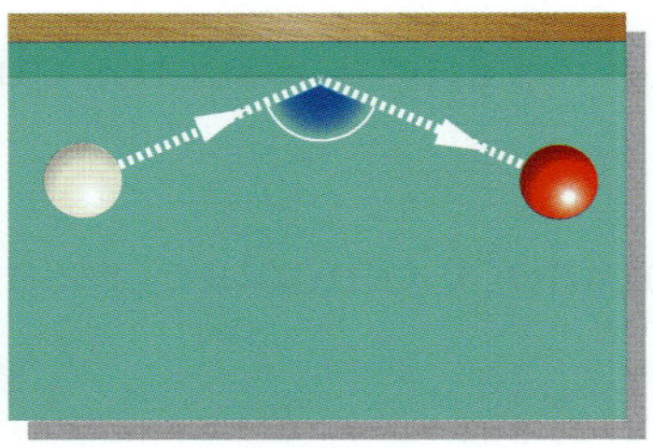

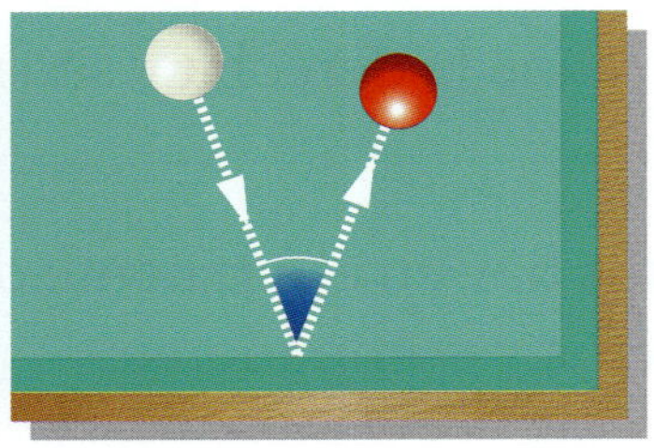

2 Clasifica los siguientes ángulos en tu cuaderno:

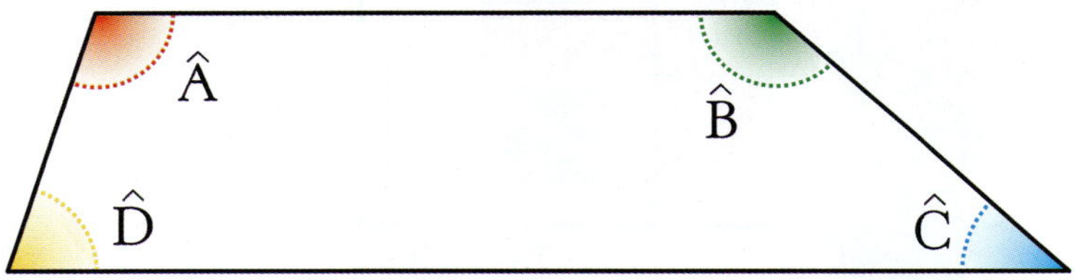

3 Observa la ilustración de la derecha y contesta a estas preguntas:

a) ¿Qué tipo de ángulo forman las agujas del reloj?

b) ¿Qué tipo de ángulo formarán a las tres en punto? ¿Y a las tres y media?

4 Dibuja un reloj que marque la hora de entrada al colegio:

a) ¿Qué tipo de ángulo forman las agujas?

b) ¿Es importante llegar a los sitios a la hora establecida? ¿Por qué? ¿Sueles ser puntual? ¿Qué ocurre si no lo eres?

5 Nombra, según su abertura, los ángulos marcados en la escuadra y en el cartabón.

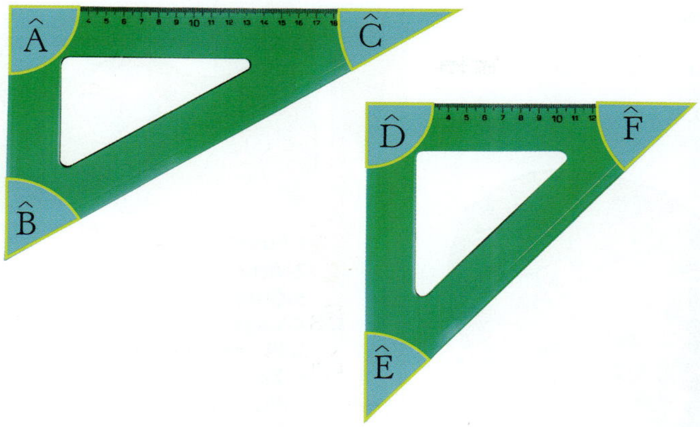

6 Las calles B y C terminan en la calle A formando cuatro ángulos. ¿Cómo es cada uno según su abertura?

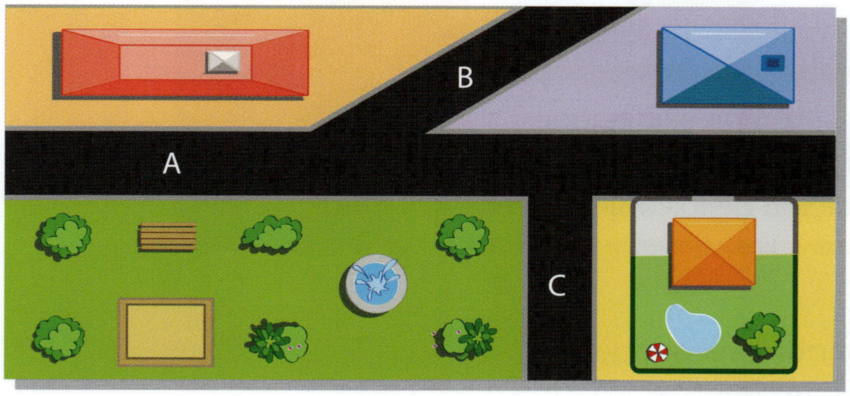

7 Estos son los pasos para hacer un gato de papel con una hoja cuadrada. ¿Cómo son los ángulos indicados en cada dibujo?

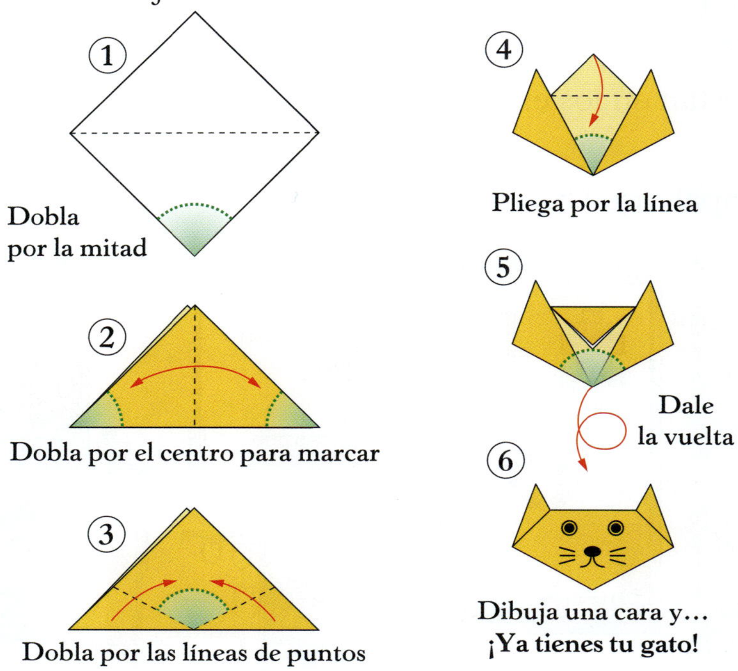

1 2 3 Paso 4

Diseñamos tarjetas con los ángulos según su abertura.

Haz tres parejas de tarjetas y dibuja en las dos cartas de cada pareja un tipo de ángulo: un ángulo agudo en una pareja, uno recto en la otra y uno obtuso en la otra:

Otros ángulos

Un **ángulo llano** es aquel cuya amplitud equivale a dos ángulos rectos:

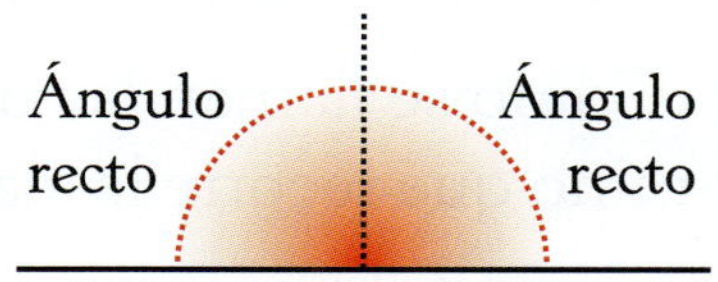

Un **ángulo completo** es aquel cuya amplitud equivale a cuatro ángulos rectos:

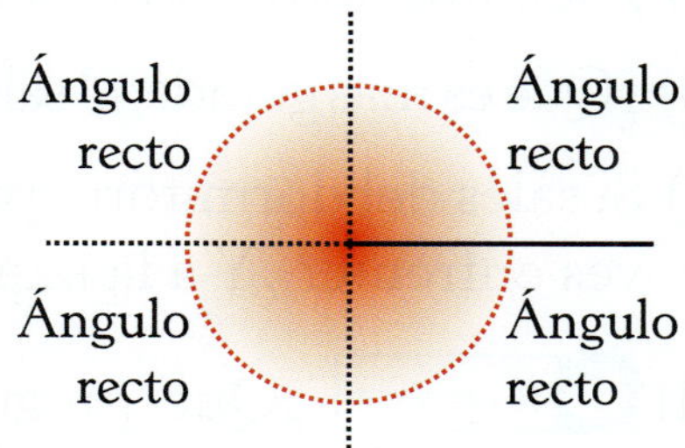

La situación de los objetos

El croquis informa de la ruta para la excursión que harán Guillermo y Laia con su club de senderismo.

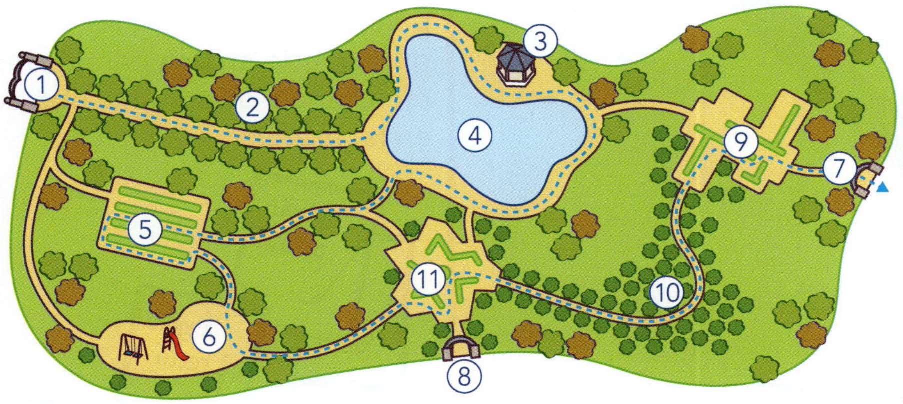

Los croquis, los planos y los mapas son representaciones, sobre el papel, del espacio que nos rodea, y los utilizamos para orientarnos, marcar recorridos, indicar la situación de los objetos, etc.

1 Interpretación compartida Observa el croquis superior y responde.

a) Describe el recorrido que harán Guillermo y Laia.

b) ¿Qué entrada está más cerca del lago, la puerta principal o la puerta sur?

c) Explica por qué lugares pasarías para ir desde la plaza de las Perpendiculares a la plaza de las Paralelas.

d) ¿Cómo se llaman las dos plazas que están en los extremos del camino que recorre la alameda?

e) Si entras al parque por la puerta principal, ¿qué hay a la izquierda?

2 A la derecha te mostramos el plano de la casa de Victoria.

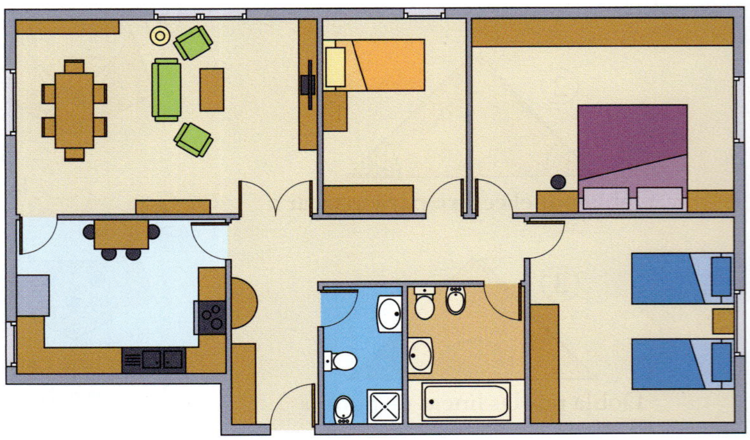

a) ¿Cuántos dormitorios tiene? ¿Y camas?

b) ¿Qué es más grande, el salón o la cocina?

c) Si sales del dormitorio principal, ¿qué ves enfrente? ¿Y a la izquierda?

d) La pregunta ¿Qué preguntas puedes hacer cuya respuesta sea «la cocina»?

3 Sobre este plano, Jorge ha dibujado el recorrido que hace todos los días desde su casa al colegio:

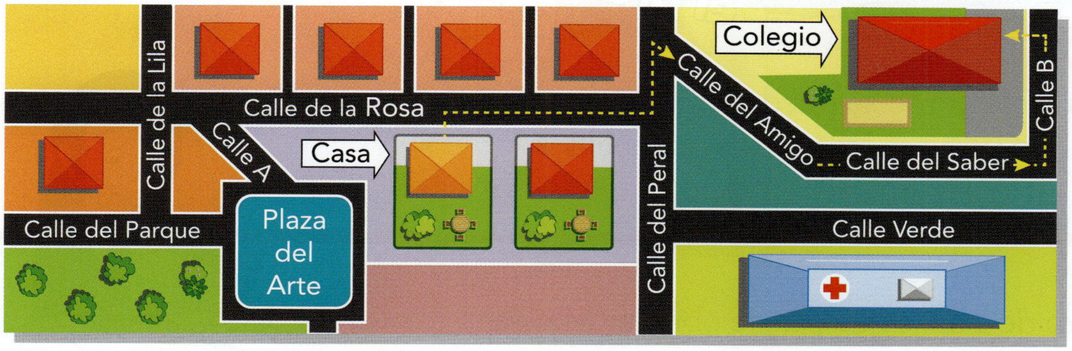

a) ¿En qué calle vive Jorge?

b) ¿Cuál es la plaza más próxima a su casa?

c) ¿Qué calles recorre para ir al colegio?

d) Escribe el nombre de dos calles perpendiculares a la calle de la Rosa.

e) ¿Qué calles rodean el colegio?

f) Describe y dibuja el camino de tu casa a algún lugar de tu localidad.

4 Este es el croquis de la clase de Nereida. Lee las pistas y completa en tu cuaderno los asientos vacíos:

a) Un asiento a la derecha de Irene está Julián.

b) Iván está delante de Nereida.

c) Yazmina está dos asientos por detrás de Irene.

d) Julián tiene a la derecha y por detrás a Rubén, y a la izquierda y por detrás a David.

e) Koldo está dos asientos por detrás de Eduardo y a la derecha de Nereida.

1 2 3 4 Paso

Jugamos con las tarjetas.

Mezcla tus cartas y ponlas boca abajo en dos filas de once.

En cada turno, levanta, en el orden que quieras, dos cartas. Si tienen el mismo dibujo, se quedan descubiertas. Si son diferentes, se colocan boca abajo otra vez.

Ganas cuando consigues tener todas las cartas boca arriba. ¿Cuántos turnos necesitas para darles la vuelta a todas?

Resuelvo problemas

Simplifico el problema

A continuación, te mostramos cómo se puede afrontar un problema complejo resolviendo primero los casos más sencillos.

Ejemplo

¿Cuál es el mayor número de trozos que puede obtener Marisa al trazar tres líneas en una cartulina?

1

Trazamos una línea recta.

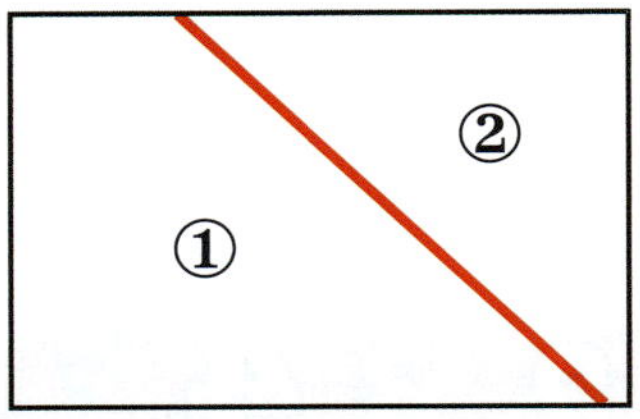

De este modo, se obtienen 2 trozos.

2

Trazamos dos líneas rectas.

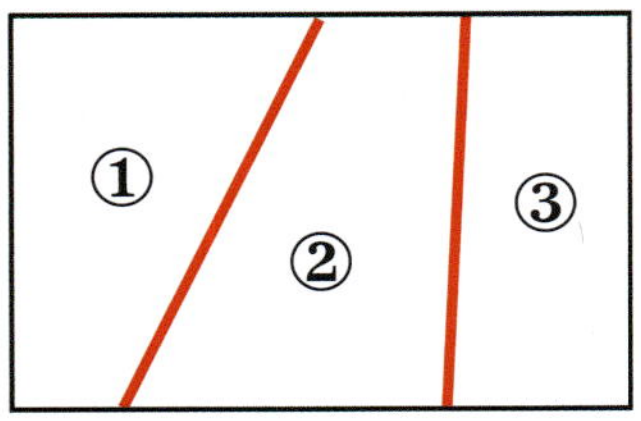

Si las líneas no se cortan, se obtienen 3 trozos.

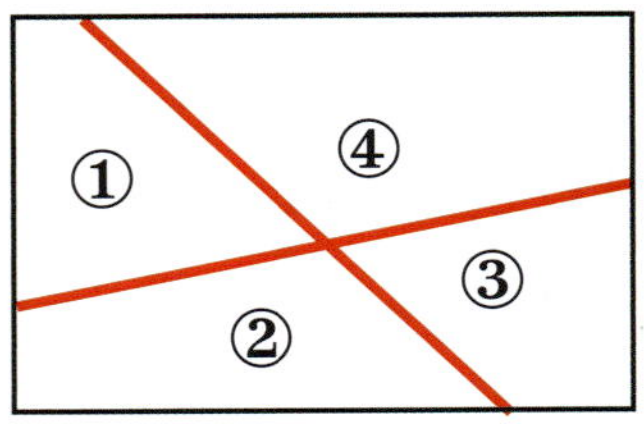

Si las líneas se cortan, se obtienen 4 trozos.

3

Trazamos tres líneas rectas.

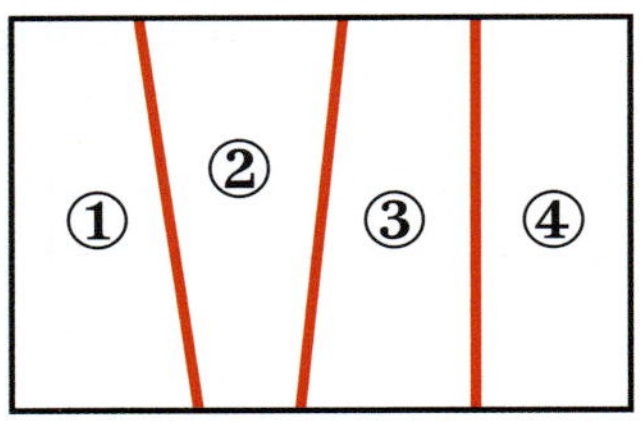

Si las líneas no se cortan, se obtienen 4 trozos.

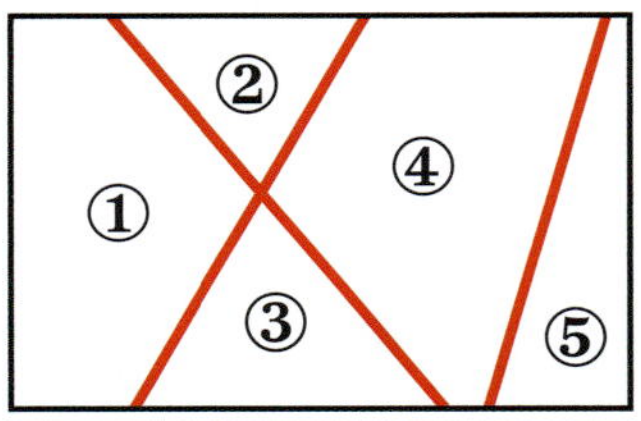

Si dos líneas se cortan y la tercera no, se obtienen 5 trozos.

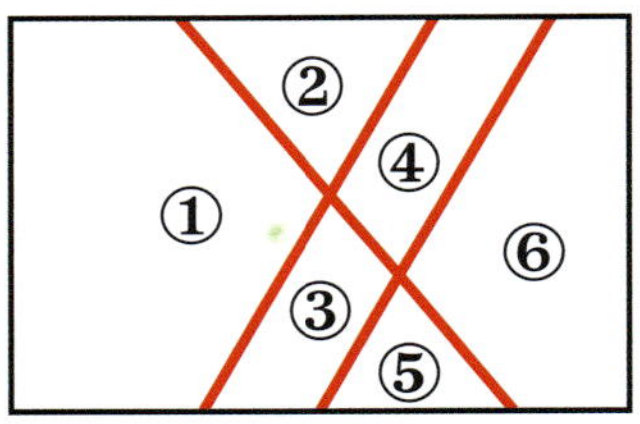

Si la tercera corta solo a una de las otras dos, se obtienen 6 trozos.

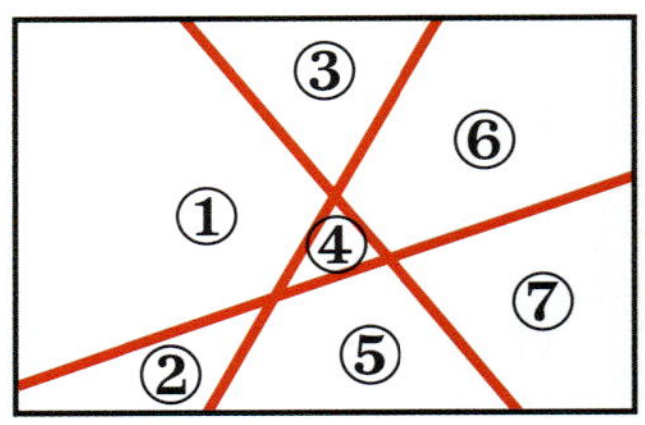

Si la tercera línea corta a las otras dos, se obtienen 7 trozos.

4

Escribimos la solución.

Al trazar tres líneas rectas en una cartulina, el mayor número de trozos que se puede obtener es 7.

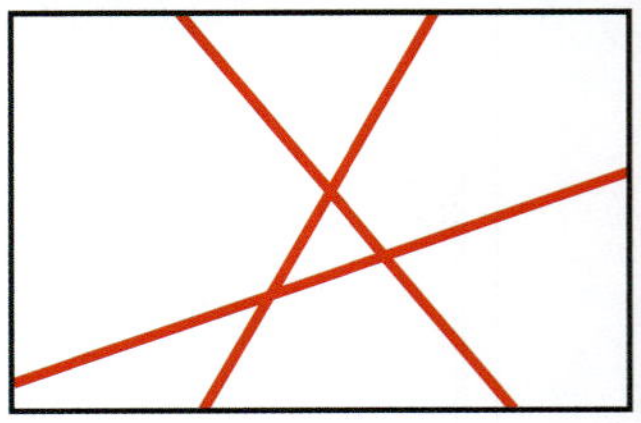

Ahora tú

¿Cuántas líneas rectas se pueden trazar uniendo dos puntos de esta figura?

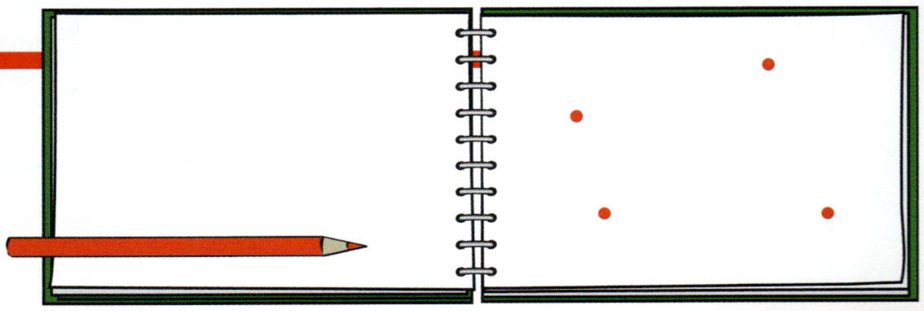

Organizo mi mente

anayaeducacion.es
Dispones de una versión imprimible de esta página en el apartado «Organizo mi mente» del banco de recursos.

anayaeducacion.es
No olvides consultar los apartados «Para estudiar» y «Aprende jugando» en el banco de recursos.

1 Copia los esquemas en tu cuaderno y complétalos:

2 Traza en tu cuaderno una paralela verde y otra secante azul a la recta roja. ¿Cómo son entre sí? ¿Qué rama del esquema estás trabajando?

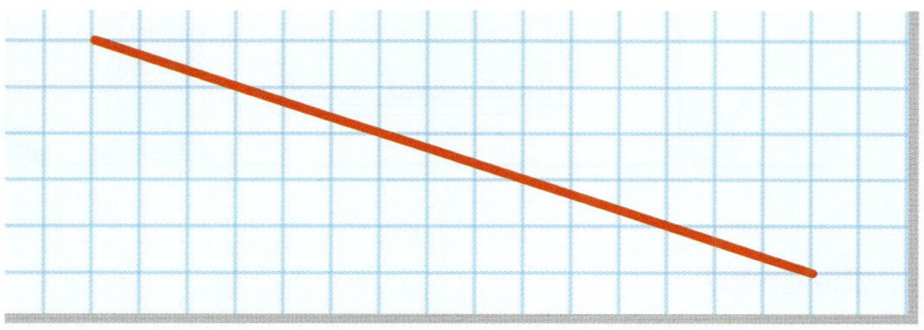

3 Traza en papel cuadriculado una perpendicular a la recta verde y otra perpendicular a la roja. ¿Qué has hecho para que sean perpendiculares?

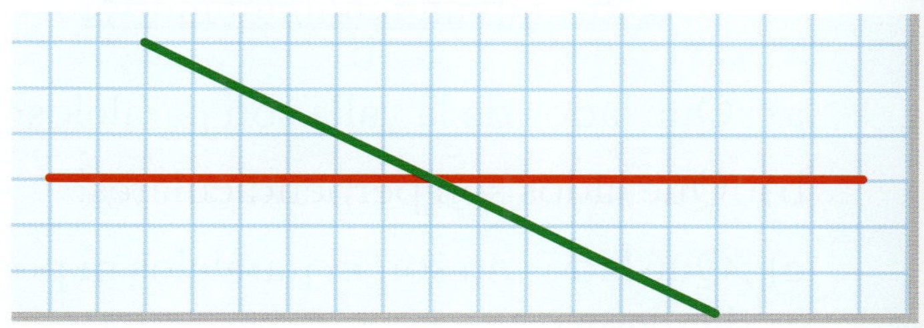

Colecciono palabras

1 Completa las siguientes oraciones:

a) Las rectas que no se cortan nunca son ...?... y las que se cortan en un punto son ...?... .

b) Cuando dos rectas se cortan y forman ...?... ángulos iguales son rectas ...?... .

c) De mayor a menor, ordenados por su abertura, los ángulos son ...?..., ...?... y ...?... .

d) La escuadra y el cartabón están formados por un ángulo ...?... y dos ángulos ...?... .

e) Para situar objetos, marcar recorridos u orientarnos en un lugar, utilizamos ...?..., ...?... y ...?... .

2 Copia estos ángulos en tu cuaderno y comprueba con tu escuadra cuáles son rectos:

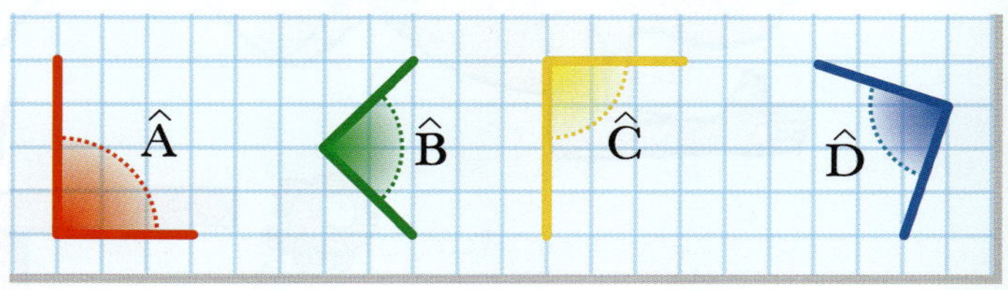

3 Copia estos ángulos en papel cuadriculado y nómbralos según su abertura:

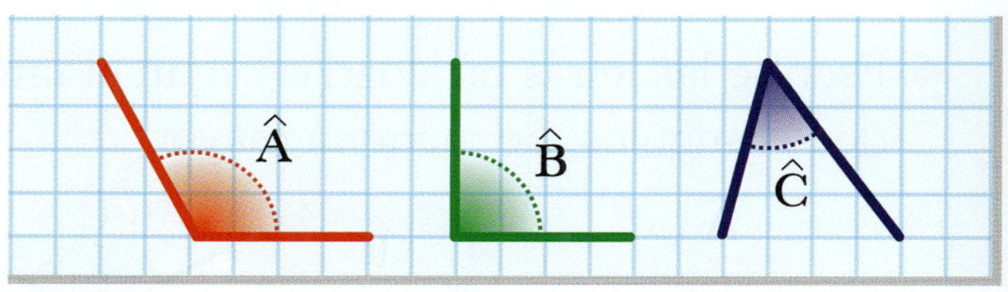

Qué he aprendido

1 Observa la ilustración y contesta.

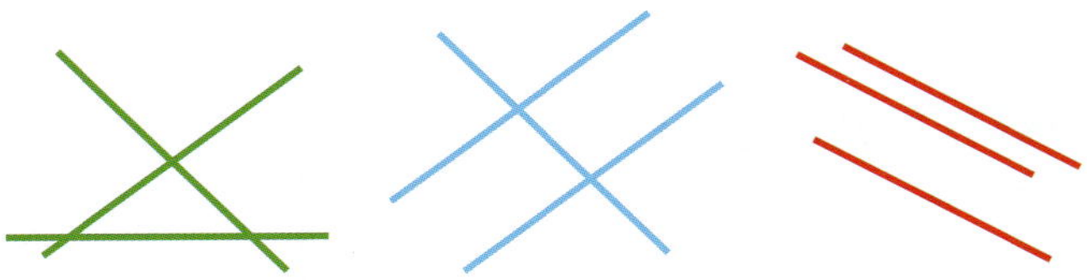

¿Cómo son las líneas rojas? ¿Y las verdes? ¿Y las azules? ¿Cuántos puntos de corte tiene cada grupo de rectas?

2 Observa la valla de la huerta que cultiva Manuel.

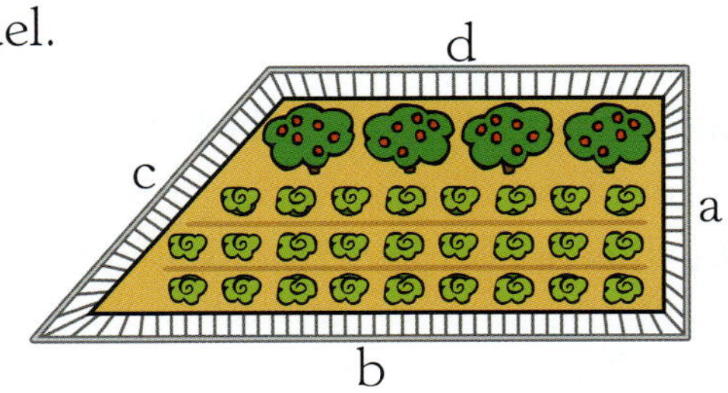

a) ¿Qué lados de la valla son paralelos?

b) ¿Qué lados son perpendiculares?

c) ¿Qué lados no son ni paralelos ni perpendiculares?

3 ¿Cuántos ángulos rectos encuentras en esta imagen?:

4 Escribe las letras ordenadas según el tamaño de los ángulos, de menor a mayor.

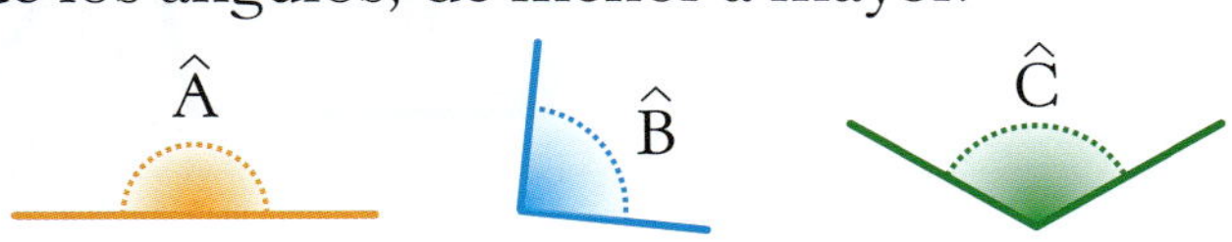

5 ¿Qué ángulo forma la *pizza* que queda en cada caso?

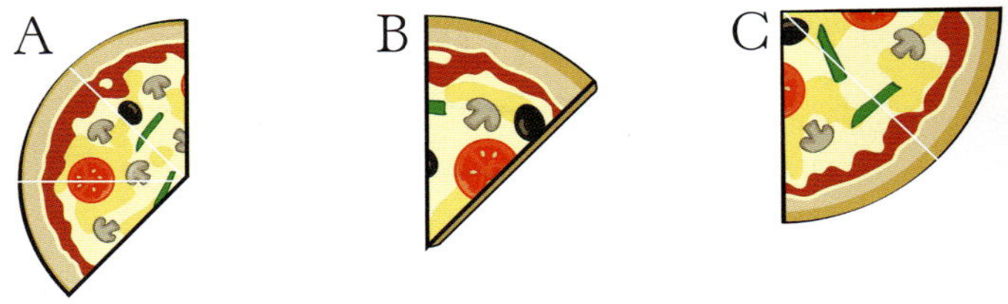

6 Observa los ángulos coloreados y clasifícalos según su abertura.

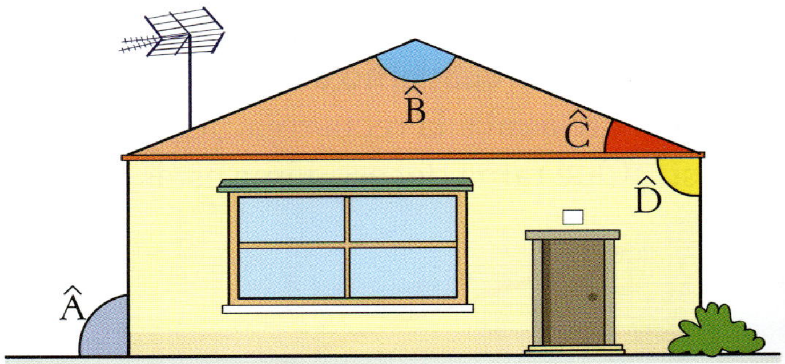

Avanzo

7 Observa la posición de cada elemento en la piscina y escribe qué ilustración representa correctamente la situación de todos ellos:

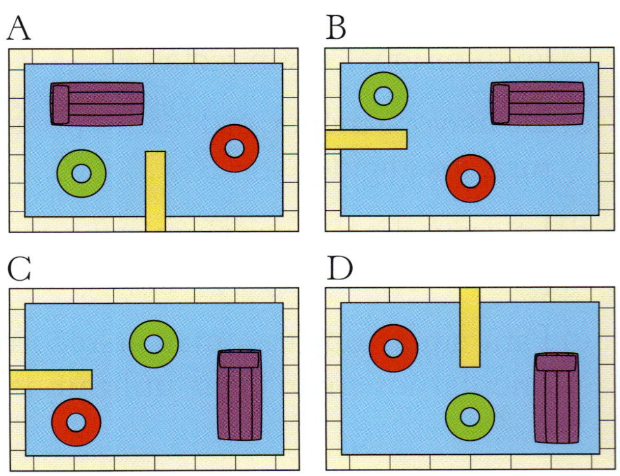

Cómo he aprendido

PORTFOLIO 6

Recuerda seleccionar el material de trabajo de esta unidad para tu portfolio.

anayaeducacion.es
Dispones de una versión imprimible de esta página en el «Portfolio» del banco de recursos.

1 Copia la tabla en tu cuaderno y señala tu evolución en cada caso.

Identificando rectas paralelas y secantes			
Señalando los elementos de los ángulos			
Identificando rectas perpendiculares			
Diferenciando tipos de ángulos			
Situando objetos y describiendo recorridos sobre un plano			
¿A qué te comprometes?			

2 Copia en tu cuaderno y colorea según el nivel.

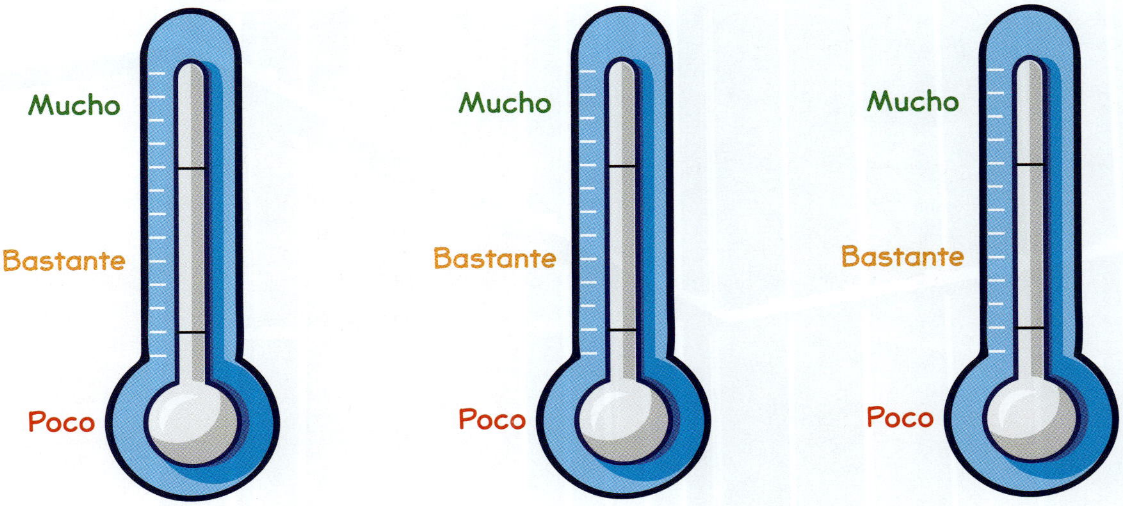

Me esfuerzo en hacerlo lo mejor que puedo.

Ayudo a los demás.

Dejo que me ayuden.

3 Escribe en tu cuaderno en qué actividades has sentido:

Agobio

Inseguridad

Seguridad

Tranquilidad

Aburrimiento

Diversión

anayaeducacion.es
Descubre y comparte en familia.

7 Las figuras planas

Si observas a tu alrededor, las formas y las figuras geométricas nos envuelven y forman parte de nuestra vida cotidiana aportando belleza, orden, armonía...

Te proponemos un reto

¿Te atreves a investigar las figuras planas que hay en el colegio y organizar una exposición fotográfica?

Para superar el reto... investigo y aprendo

- Los polígonos: elementos y perímetro
- Nombramos los polígonos
- Clases de triángulos según sus lados
- La circunferencia y el círculo
- Figuras con eje de simetría
- Iniciación al área de figuras planas
- Área del cuadrado y del rectángulo

Para demostrar que lo he superado... organizo una exposición fotográfica

- Paso 1: Localizamos polígonos en el colegio.
- Paso 2: Clasificamos polígonos según su número de lados
- Paso 3: Localizamos triángulos.
- Paso 4: Localizamos circunferencias o círculos.
- Paso 5: Nos reunimos y montamos la exposición.

Los polígonos

Un **polígono** es una superficie plana con todos sus bordes rectos.

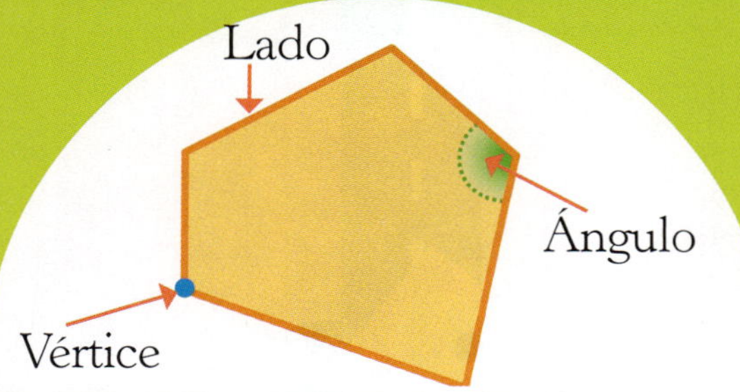

Elementos

Los **elementos** de un polígono son: **ángulos, vértices y lados.**

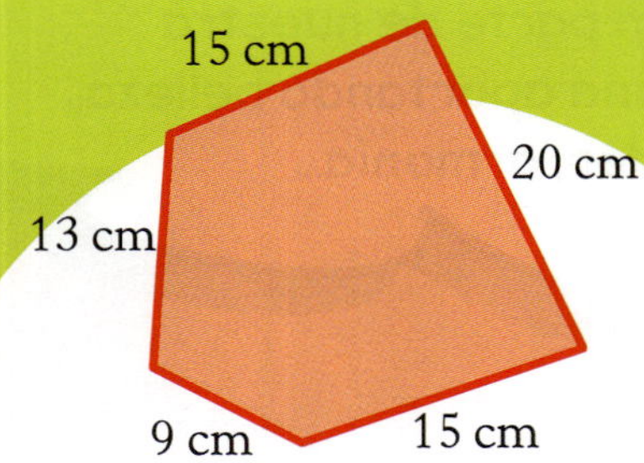

P = 9 + 13 + 15 + 15 + 20 = 72 cm

Perímetro

El **perímetro** de un polígono es la suma de las longitudes de los lados.

1 ¿Cuáles de estas figuras no son polígonos y por qué?:

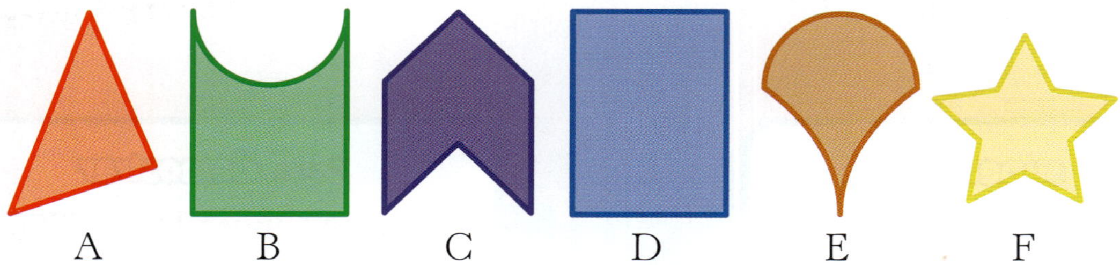

2 Copia en tu cuaderno estos polígonos con ayuda de la regla y escribe los nombres de sus elementos:

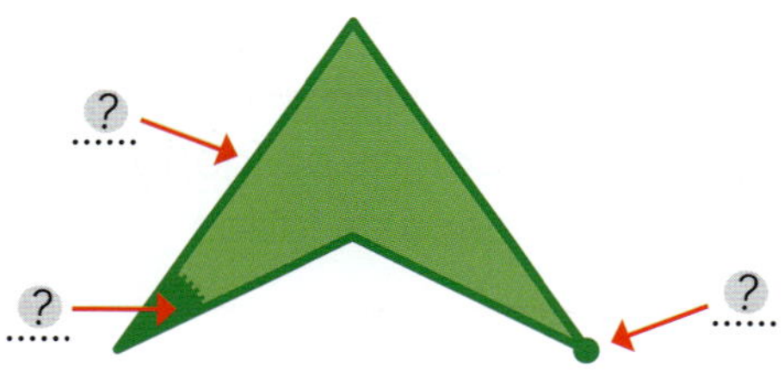

- ¿Cuál es cóncavo y cuál convexo?

3 Escribe en tu cuaderno el número de ángulos, vértices y lados de cada polígono.

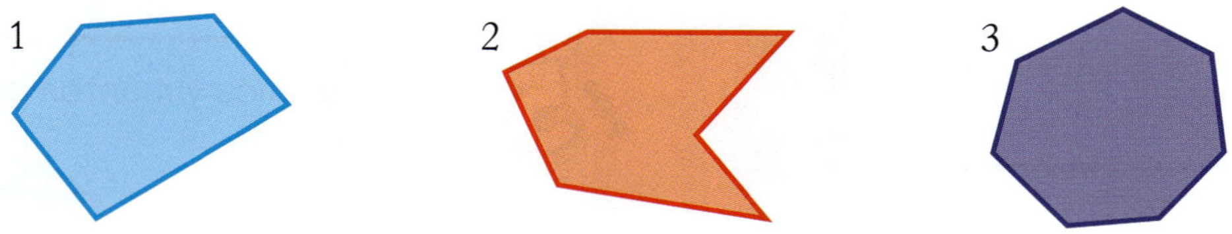

Recuerda

Polígono cóncavo

Polígono convexo

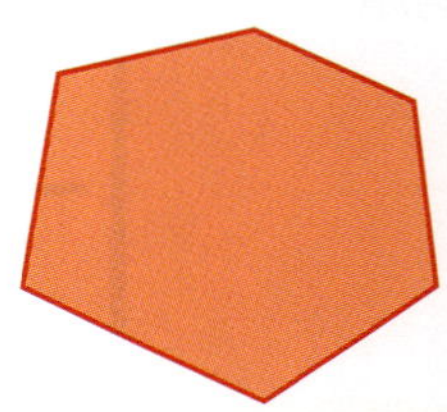

4 Tomando como unidad la longitud del cuadro de la cuadrícula, indica cuál es el perímetro de estos polígonos:

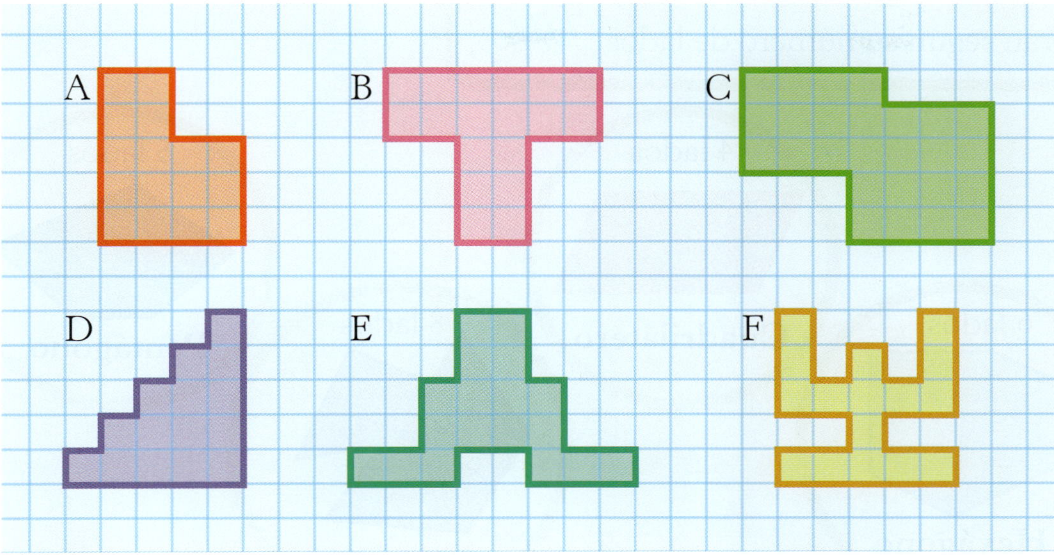

a) ¿Qué observas?

b) Dibuja en tu cuaderno, aprovechando la cuadrícula, otro polígono que tenga distinta forma pero el mismo perímetro que la figura A.

anayaeducacion.es Repasa los elementos de los polígonos, sus tipos y características, haciendo las actividades propuestas en el banco de recursos.

5 ¿Cuál es el perímetro de estos polígonos?:

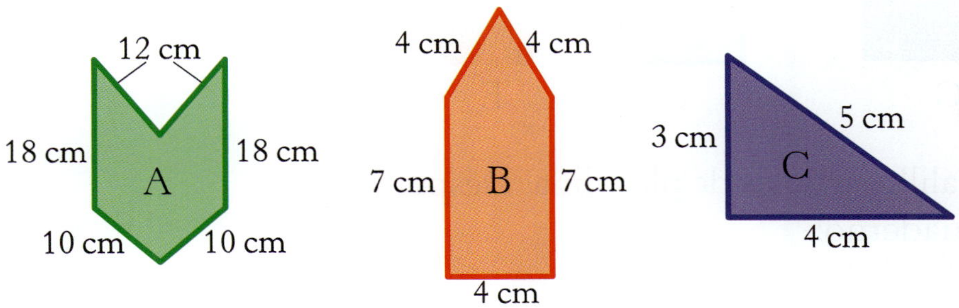

1 Paso 2 3 4 5

Clasificamos los polígonos según su número de lados.

Dibuja en tu cuaderno, como mínimo, tres polígonos con distinto número de lados que identifiques en cualquier objeto o espacio del colegio. Nómbralos y anota el lugar donde se encuentran.

Cálculo mental

Suma 9 a números de dos cifras, como se indica en el ejemplo:

78 —(+10)→ 88 —(−1)→ 87

(78 → 87: +9)

33 + 9 27 + 9	44 + 9 35 + 9	51 + 9 64 + 9
72 + 9 95 + 9	84 + 9 65 + 9	

Nombramos los polígonos

Los polígonos se nombran según su número de lados.

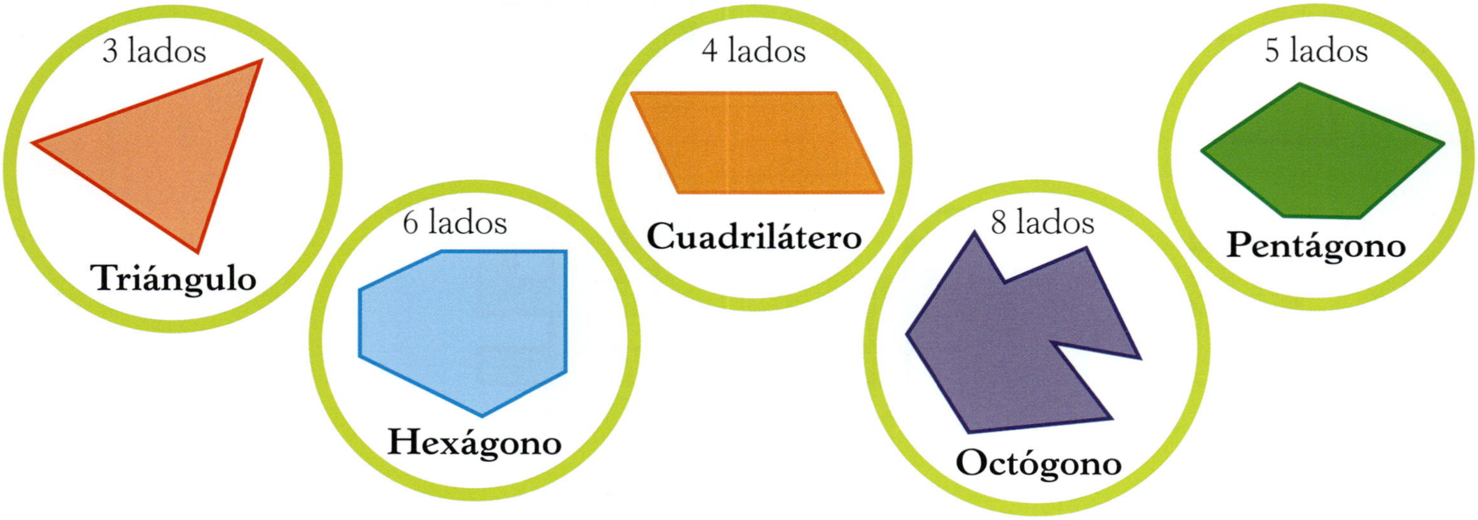

1 Nombra estos polígonos según su número de lados:

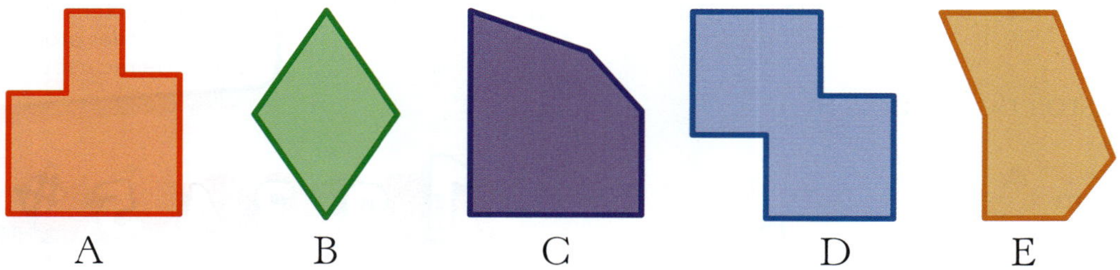

2 Construye estos polígonos con palillos y bolas de plastilina. Después, copia y completa la tabla en tu cuaderno:

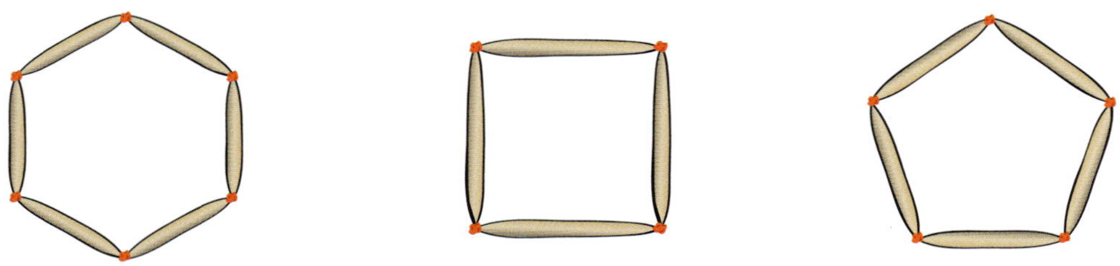

Nombre	Lados	Vértices	Ángulos
	6		
		4	
Pentágono			

a) ¿Cuántos lados, ángulos y vértices tiene un heptágono? Dibújalo en tu cuaderno.

b) ¿Cómo se nombran los polígonos de nueve lados?

3 Copia y completa en tu cuaderno los lados que faltan para construir polígonos con los números de lados indicados.

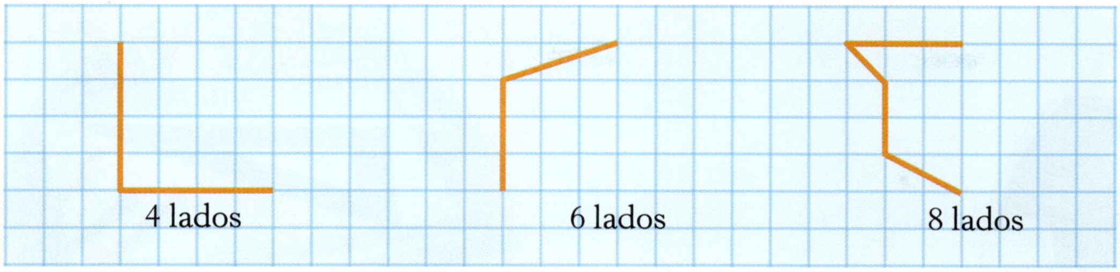

4 ¿Cuál de estos polígonos no es un pentágono? Justifica tu respuesta.

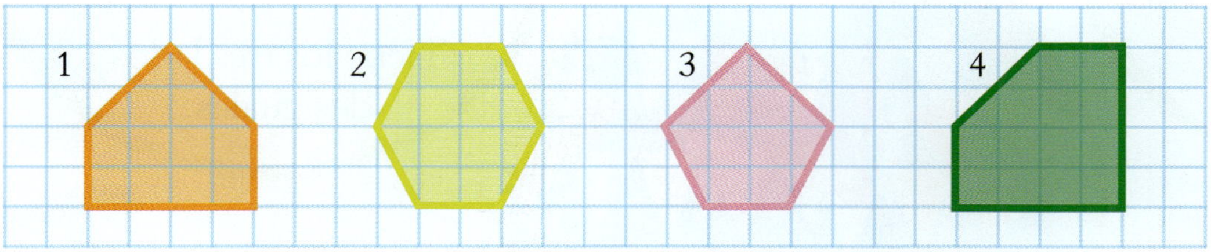

5 Indica cuáles de estos polígonos no son cuadriláteros y di por qué:

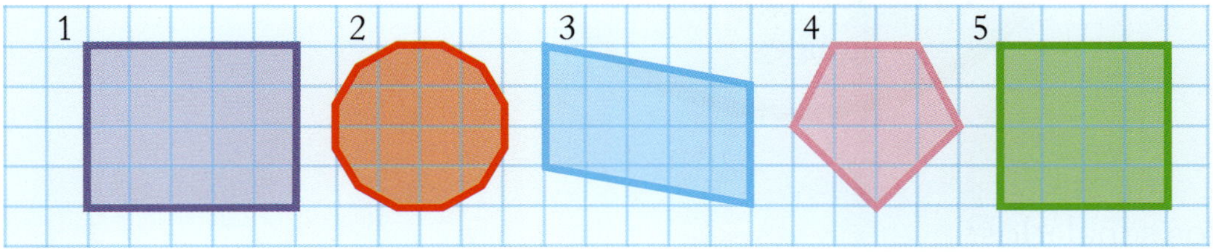

¿Cómo se nombra el polígono 2?

6 Todos estos polígonos son cuadriláteros:

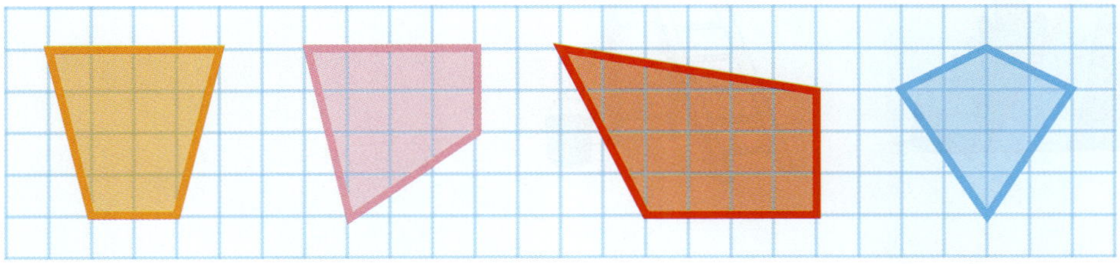

Dibuja en tu cuaderno otros dos cuadriláteros distintos de estos.

1 2 Paso 3 4 5

Localizamos polígonos en el colegio.

Dibuja en tu cuaderno tres polígonos diferentes que estén representados en cualquier objeto o espacio del colegio.

Anota el lugar donde se encuentran.

Clases de triángulos según sus lados

Equilátero

Tiene los tres lados iguales.

Isósceles

Tiene solo dos lados iguales.

Escaleno

Tiene los tres lados desiguales.

1 ¿Cómo son los triángulos señalados?

2 Clasifica estos triángulos según sus lados (puedes utilizar la regla):

A B C D E

3 Dibuja en tu cuaderno una estrella utilizando dos triángulos.

4 ¿Cuántos triángulos hay en el tangram? Clasifícalos según sus lados.

5 Consigue dos cartabones iguales haciéndolos coincidir como indica la figura de la derecha. ¿Qué clase de triángulo has formado?

6 Piensa y comparte en pareja Con las tres pajitas rojas, José ha construido un triángulo escaleno.

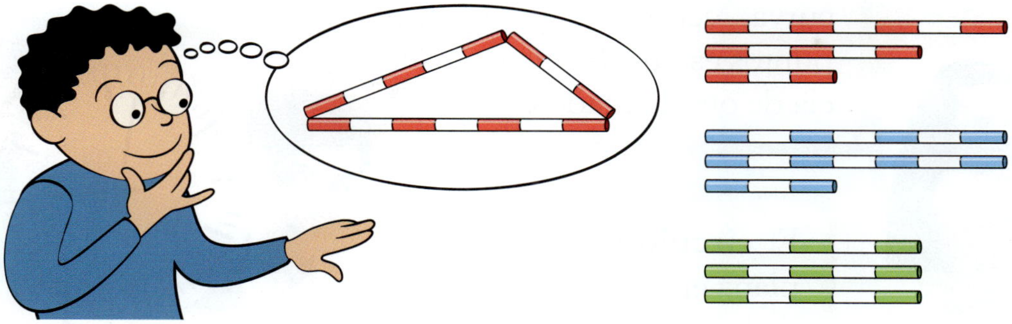

¿Qué clase de triángulo construirá con las pajitas azules? ¿Cuál podría formar con las pajitas verdes?

7 Dibuja un triángulo con ayuda del compás, siguiendo estos pasos:

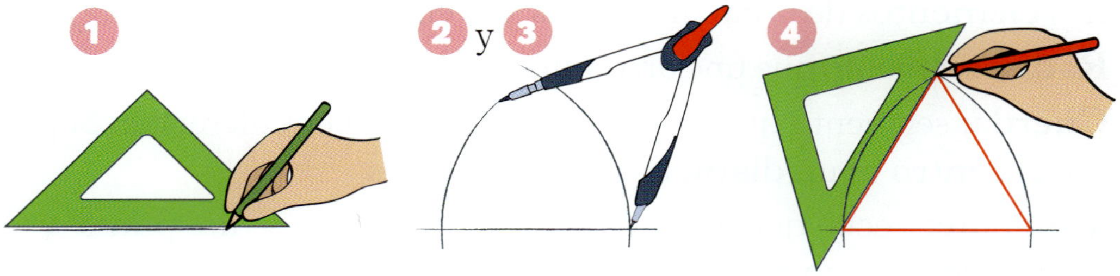

¿Cómo es el triángulo que has dibujado?

8 Jorge ha dividido un cuadrado en cuatro triángulos escalenos. ¿Sabrías dividirlo en cuatro isósceles? ¿Y en cuatro equiláteros?

Zona razona

1-2-4 Copia en tu cuaderno el triángulo de la derecha y escribe los números 1, 2, 3, 4, 5 y 6, uno en cada círculo, de forma que cada lado del triángulo sume 10.

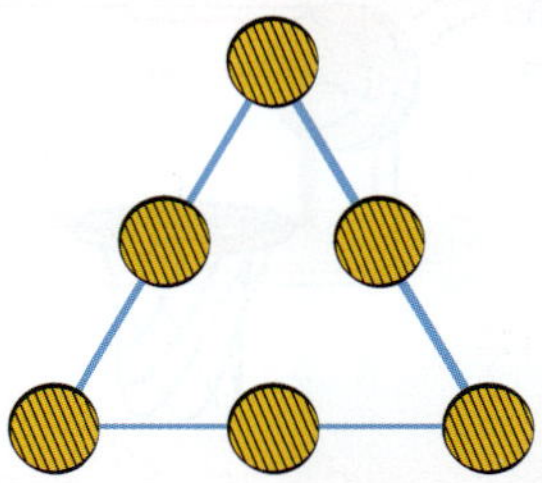

Localizamos triángulos en el colegio.

Dibuja en tu cuaderno tres triángulos diferentes según sus lados que encuentres representados en cualquier objeto o espacio del colegio.

Anota el lugar donde se encuentran.

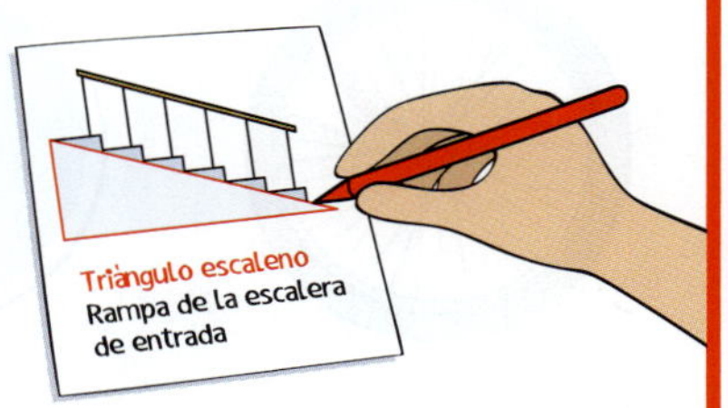

La circunferencia y el círculo

Circunferencia

La **circunferencia** es una línea curva, cerrada y plana cuyos puntos están a la misma distancia de otro llamado **centro.**

El **círculo** es la figura plana encerrada dentro de la circunferencia.

Círculo

Los **elementos** de la circunferencia y el círculo son:

Radio: segmento que une un punto de la circunferencia con el centro.

Cuerda: segmento que une dos puntos de la circunferencia. Si pasa por el **centro** es un **diámetro.**

Tangente: recta que toca a la circunferencia en un punto y es perpendicular a un radio.

Arco: porción de la circunferencia que une dos puntos de esta.

Sector circular: porción de círculo comprendida entre dos radios.

1 Indica por qué estas figuras no son circunferencias:

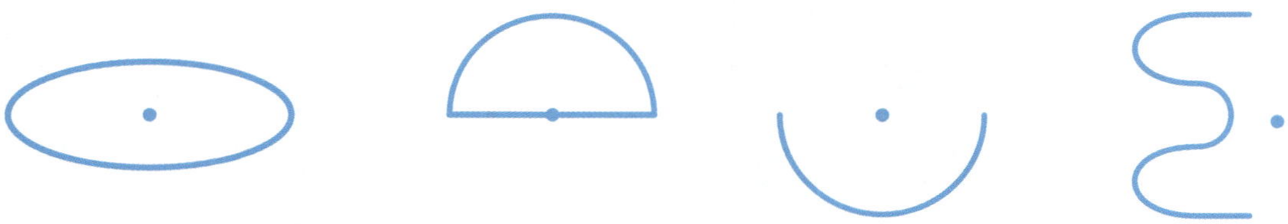

2 Haz dos grupos con estos objetos: los que se parecen a una circunferencia y los que se parecen a un círculo:

Nombra otros objetos que tengan circunferencias o círculos.

3 Dibuja una circunferencia de 4 cm de radio en tu cuaderno siguiendo estos pasos:

1. Toma sobre la regla una abertura del compás de 4 cm.
2. Clávalo en el punto donde desees que esté el centro.
3. Gira el compás marcando la circunferencia.
4. Colorea el círculo de tu color preferido.

anayaeducacion.es En el banco de recursos encontrarás actividades sobre la circunferencia y el círculo.

Señala sobre ese círculo un arco, una cuerda, una tangente y un sector circular.

4 ¿Cuánto miden los radios de las circunferencias rojas?

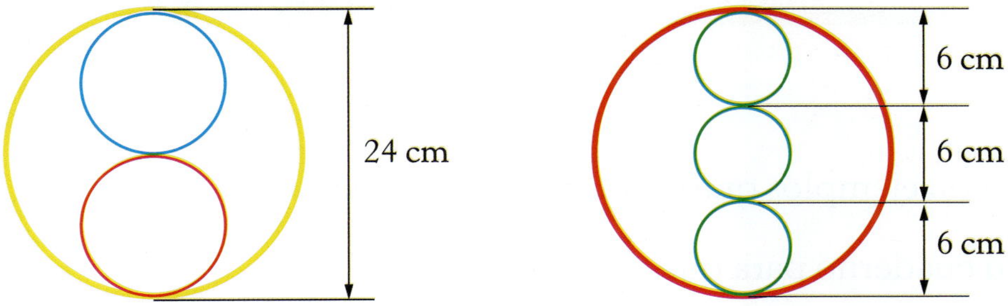

5 Explica con tus palabras en qué se parecen y en qué se diferencian un círculo y una circunferencia.

Cálculo mental

Resta 9 a números de dos cifras, como en este ejemplo:

$53 \xrightarrow{-10} 43 \xrightarrow{+1} 44$ ($53 - 9 = 44$)

36 – 9 37 – 9	22 – 9 72 – 9	80 – 9 61 – 9
94 – 9 47 – 9	54 – 9 79 – 9	

Paso 4

Localizamos circunferencias o círculos.

Dibuja en tu cuaderno al menos tres circunferencias o círculos que encuentres representados en cualquier objeto o espacio del colegio.

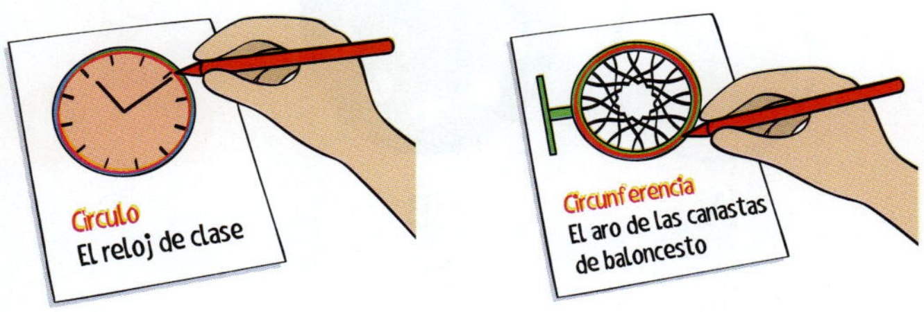

Anota el lugar donde se hallan.

Figuras con eje de simetría

Una o más figuras son simétricas si podemos trazar una línea recta que actúa como **eje de simetría,** de manera que al doblar por dicho eje, ambas mitades coinciden.

Eje de simetría

Eje de simetría

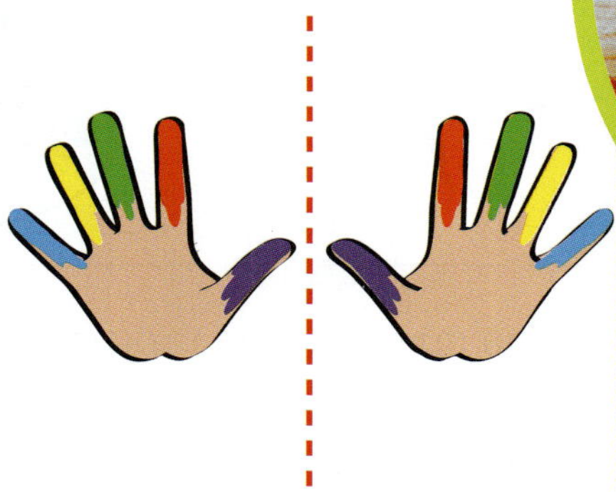

1 Explica de forma clara y con ejemplos qué es una figura simétrica.

2 Completa estas figuras en tu cuaderno para que sean simétricas:

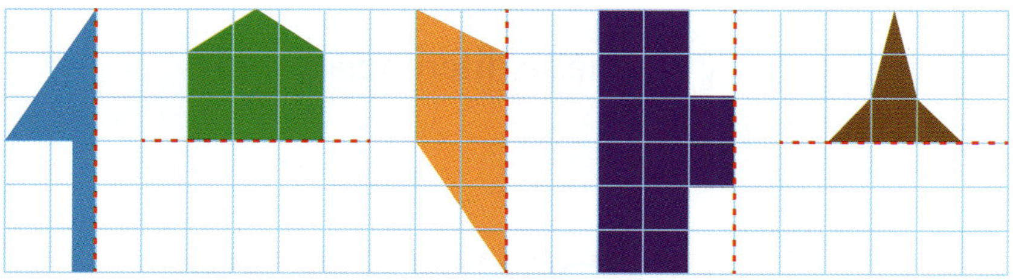

A B C D E

3 ¿En cuáles de estas figuras podemos trazar un eje de simetría?:

A B C D

4 Busca a tu alrededor cuatro figuras simétricas, dibújalas en tu cuaderno y traza su eje de simetría.

5 ¿Qué ocurre en una figura con simetría si se coloca un espejo sobre su eje?

6 Copia estos polígonos en tu cuaderno con ayuda de la regla:

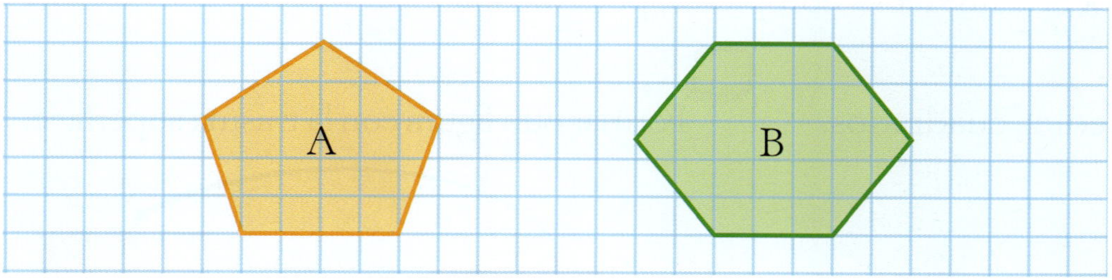

¿Cuántos lados tiene cada polígono? Marca, al menos, un eje de simetría en cada uno de ellos.

7 ¿Qué objetos en esta cocina son simétricos? Identifícalos, cópialos en tu cuaderno y dibuja el eje de simetría:

Paso 5

Buscamos figuras con ejes de simetría y montamos la exposición fotográfica.

Grupo nominal Por último, dibuja en tu cuaderno al menos tres objetos del colegio que tengan eje de simetría. Anota el lugar donde están. Haced equipos de cuatro personas y compartid los dibujos y las anotaciones de las figuras geométricas, y simetrías que hayáis encontrado.

Seleccionad 3 figuras diferentes de cada tipo. Dirigíos a los lugares del colegio donde se encuentran y hacedles una fotografía. Con ayuda del profesorado, imprimid las fotografías y exponedlas en clase, junto a una breve descripción de las figuras que representan. Los demás equipos votarán sus preferencias y se elegirá la más bonita de cada estilo.

¡Enhorabuena! Ya tenéis todas las fotografías para montar la exposición.

Iniciación al área de figuras planas

Para medir la superficie de una figura plana, se puede utilizar el cuadrado como unidad de medida.

Unidad cuadrada
(1 u. c.)

Ocupa 3 u. c.

Ocupa 5 u. c.

Si la superficie a medir no ocupa unidades completas, podemos:

1 Contar cuadrados y medios cuadrados.

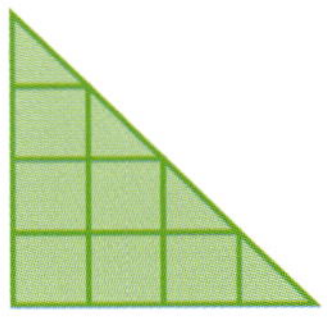

El triángulo ocupa 8 u. c.

2 Formar otra figura con la misma superficie.

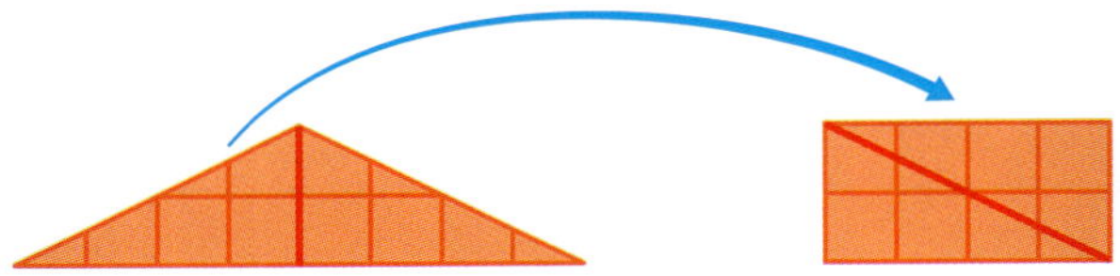

Esta figura ocupa 8 u. c.

El área de una figura plana es el número de unidades cuadradas que contiene.

1 Tomando como unidad el cuadrado, calcula el área de estas figuras:

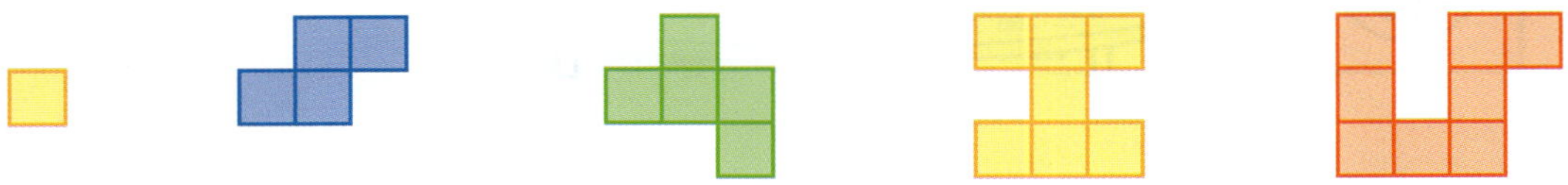

2 Cuenta el número de unidades cuadradas que tiene cada polígono:

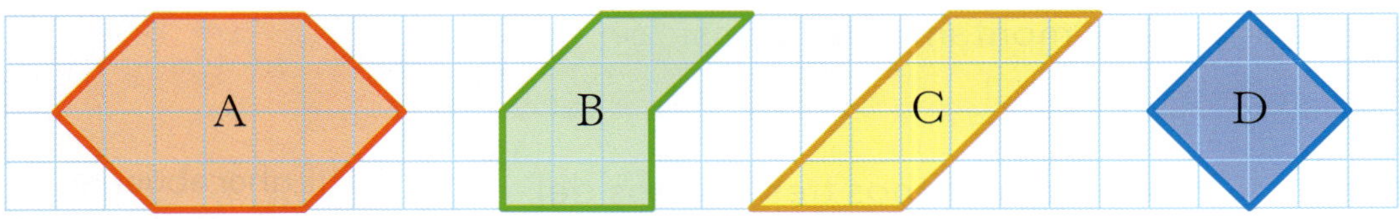

3 Calcula el número de unidades cuadradas de estos polígonos:

a) ¿Qué tienen en común?

b) Dibuja en tu cuaderno polígonos con distinta forma pero que tengan la misma superficie que A y B.

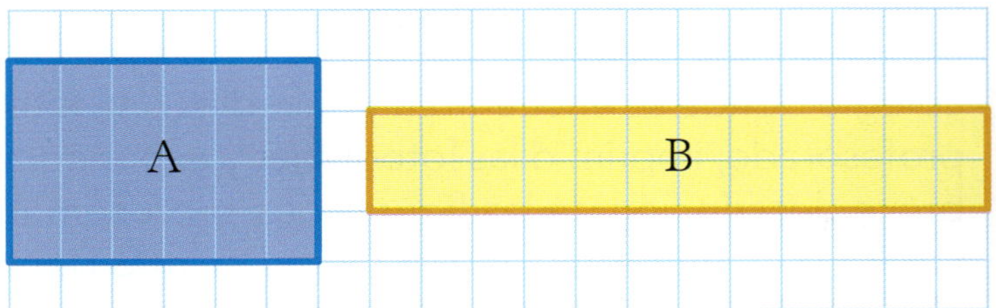

Área del cuadrado y del rectángulo

Para calcular el área del cuadrado y del rectángulo, basta con multiplicar el número de unidades cuadradas que forman sus lados.

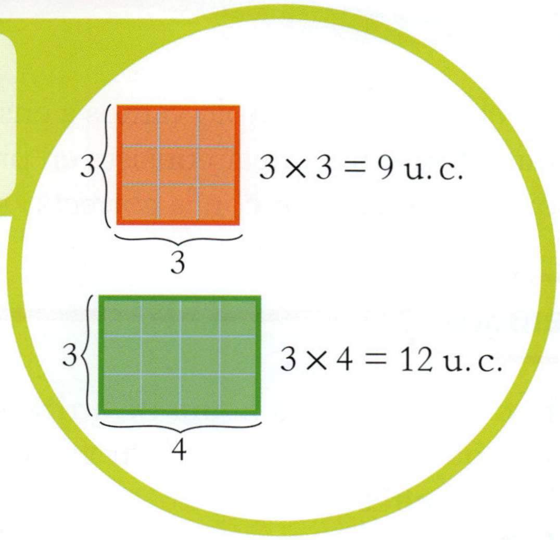

1 ¿Cuáles de estos rectángulos tienen como superficie 12 unidades cuadradas?

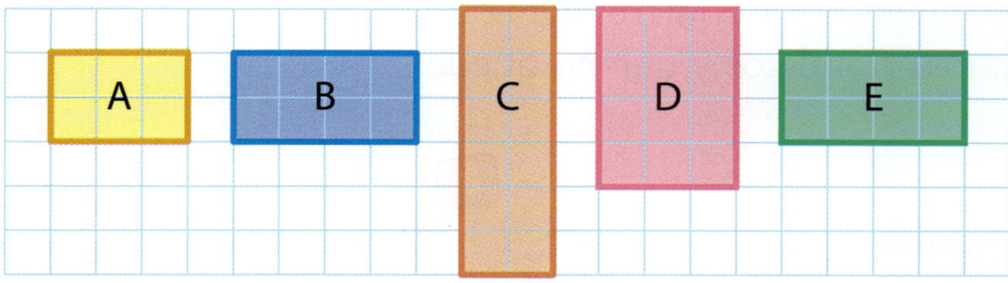

2 Calcula el área de cada uno de estos cuadrados:

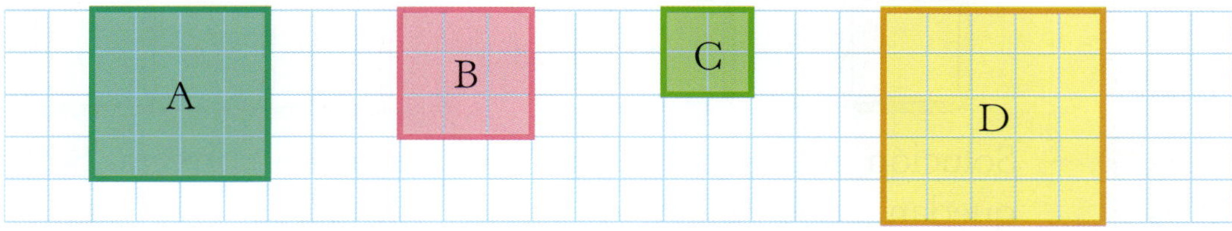

3 Mide el área de estos dos cuadrados utilizando como unidad el cuadrado azul y, después, utilizando como unidad el cuadrado amarillo:

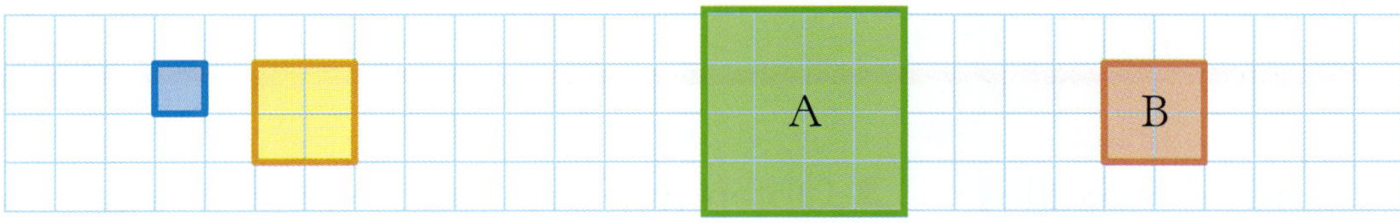

4 Observa el plano de la casa de Jaime y responde a las preguntas:

a) ¿Cuántas unidades cuadradas mide la cocina?

b) ¿Cuánto mide el área de la habitación 1?

c) ¿Qué estancia de la casa tiene mayor superficie?

d) ¿Cuál es el área total del piso?

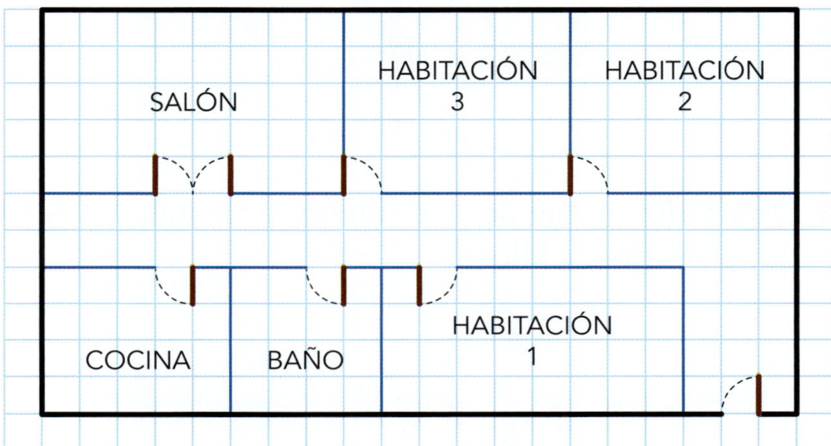

Resuelvo problemas
Tanteo

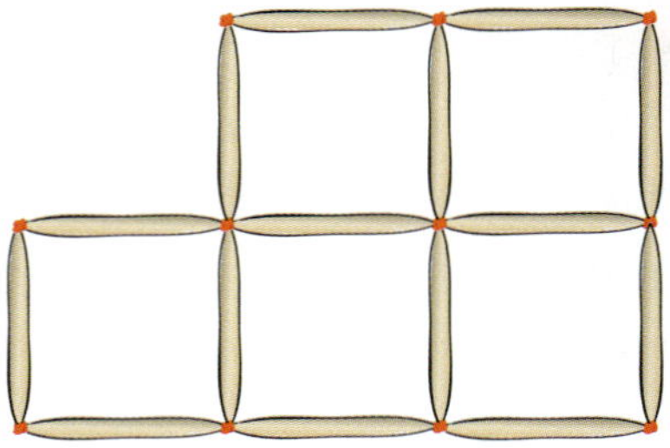

En el siguiente ejemplo vamos a ensayar una técnica que se denomina **tanteo.** Tantear consiste en probar posibles soluciones a un problema para dar con la correcta.

Ejemplo

Rocío ha hecho la figura de arriba con palillos. Ahora quiere lograr, a la vez: quitar tres palillos, dejar tres cuadrados completos y que no queden lados sueltos.

1 **Primer tanteo.**

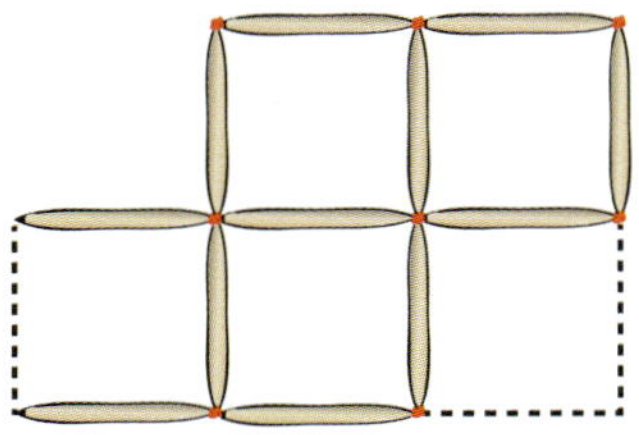

Solución incorrecta porque quedan dos palillos sueltos.

2 **Segundo tanteo.**

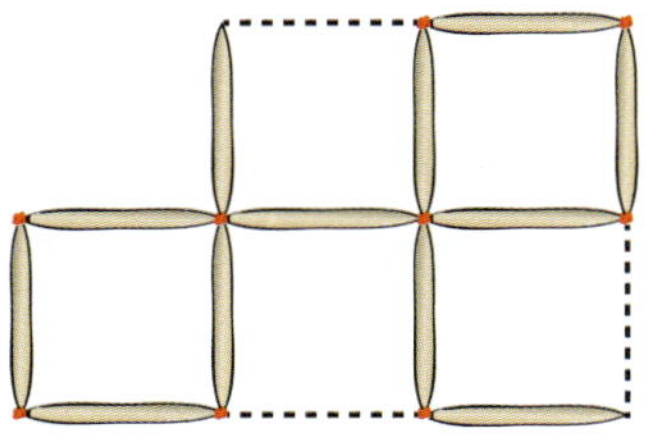

Solución incorrecta. Solo quedan dos cuadrados completos y varios palillos sueltos.

3 **Tercer tanteo.**

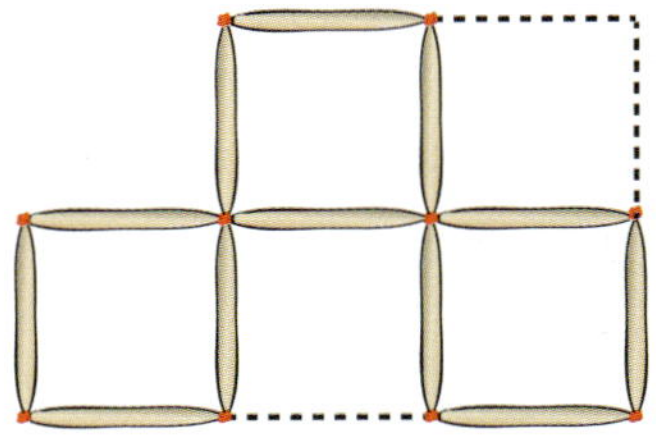

Solución correcta. Se han eliminado tres lados y quedan tres cuadrados completos.

Ahora tú

1 Obtén dos cuadrados quitando dos palillos.

2 Obtén dos triángulos de diferente tamaño quitando dos palillos.

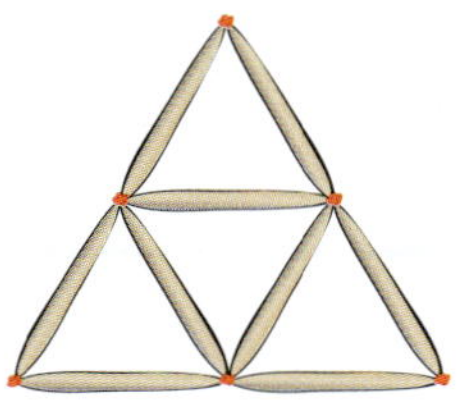

3 Obtén tres triángulos equiláteros quitando tres palillos.

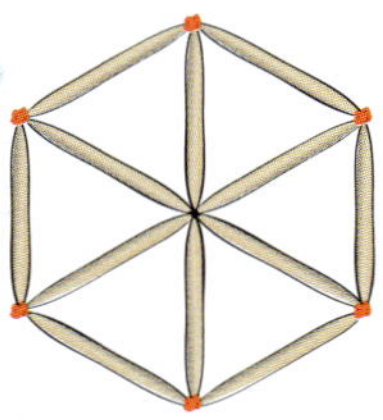

4 Quita ocho palillos para que te queden dos cuadrados.

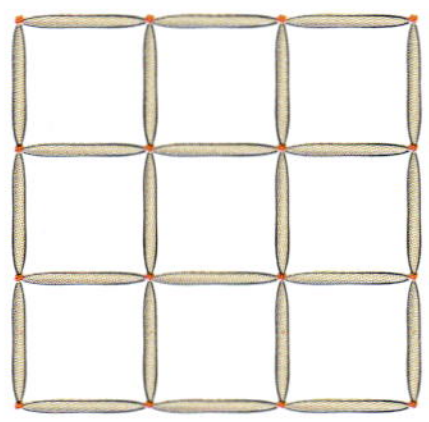

Organizo mi mente

anayaeducacion.es
Dispones de una versión imprimible de esta página en el apartado «Organizo mi mente» del banco de recursos.

anayaeducacion.es
No olvides consultar los apartados «Para estudiar» y «Aprende jugando» en el banco de recursos.

1 Copia el esquema en tu cuaderno y completa.

Figuras planas
- Polígonos
  - Se nombran ? ......
  - Triángulos según sus ? ......
- Círculos y ? ......
- Simetría
  - Eje de ? ......
- Iniciación al área
  - ? ......
  - ? ......

2 Además del radio y del diámetro, ¿qué otros elementos de la circunferencia y el círculo conoces?

3 Dibuja en tu cuaderno tres triángulos distintos atendiendo a sus lados. ¿Qué clase de triángulo es cada uno de ellos?

4 ¿Qué línea de la circunferencia actúa como un eje de simetría?

5 Calcula el número de unidades cuadradas que contiene cada uno de estos polígonos:

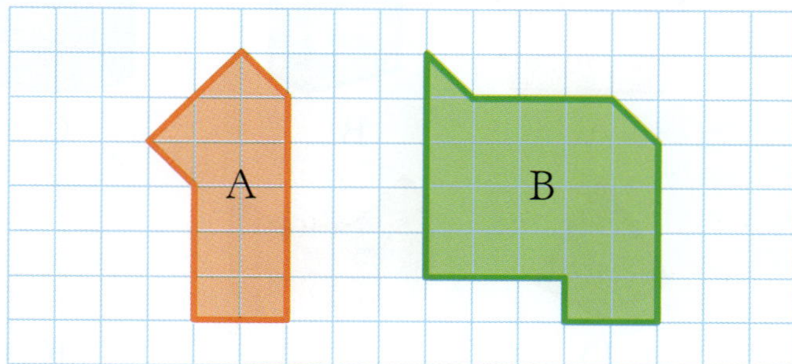

Colecciono palabras

1 Lluvia de ideas Nombra estos polígonos:

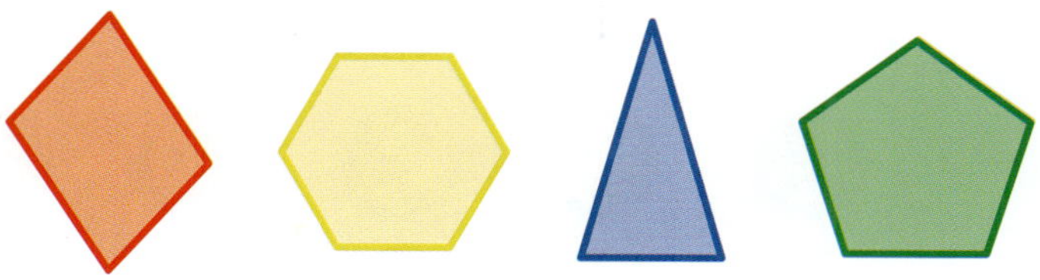

A B C D

2 Copia y completa en tu cuaderno.

a) Una figura es simétrica respecto al ? ...... de ? ....

b) Un eneágono es un polígono de ? ...... lados.

c) El segmento que une el centro de la circunferencia con cualquiera de sus puntos es el ? ....

3 ¿Qué pasos debemos seguir para trazar una circunferencia con el compás?

4 La oración «Un cirulo es lo mismo que una circunferencia», ¿es verdadera o falsa? Razona tu respuesta.

5 Dibuja en tu cuaderno e indica el nombre del elemento señalado.

Qué he aprendido

1 Indica qué figuras entre las siguientes son polígonos:

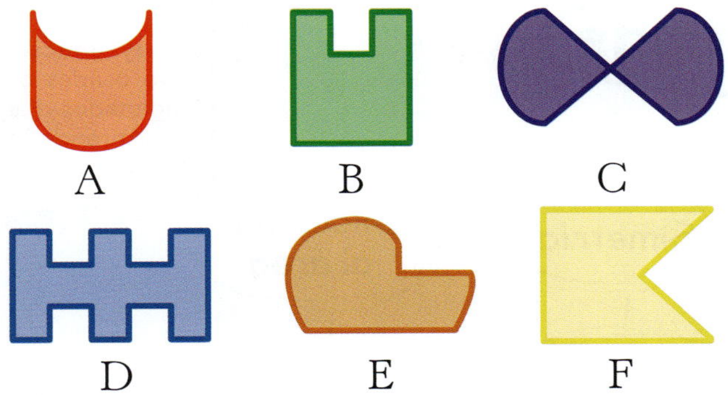

2 ¿En cuáles de estas figuras todas sus caras son polígonos?

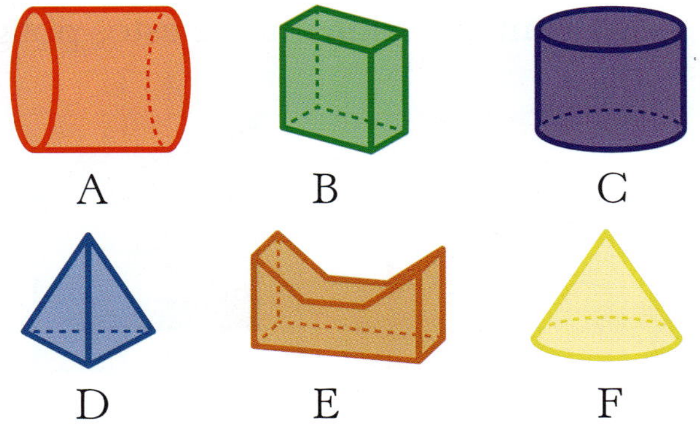

3 Dibuja un polígono de siete lados. Marca sus lados, vértices y ángulos utilizando un color distinto para diferenciar cada elemento.

4 Intenta dibujar un polígono de 2 lados. ¿Qué ocurre?

5 Copia y completa en tu cuaderno.

Polígono	Lados	Ángulos	Vértices
	3		
		4	4
	8		
	5		
Hexágono			

¿Cuál es la relación entre los lados, los vértices y los ángulos de un polígono?

6 Clasifica estos triángulos según sus lados:

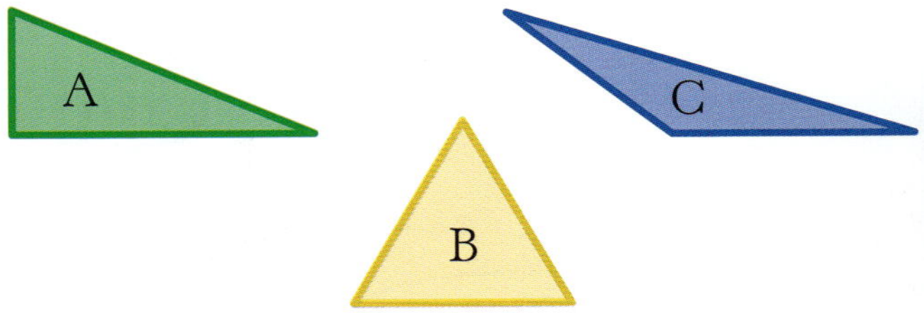

7 Escribe en tu cuaderno verdadero o falso:

a) El radio de un círculo mide 4 cm, y su diámetro, 9 cm.

b) El radio de una circunferencia mide la mitad que el diámetro.

c) Un arco es una porción de círculo comprendida entre dos radios.

8 Copia y completa la figura simétrica a cada una de las siguientes:

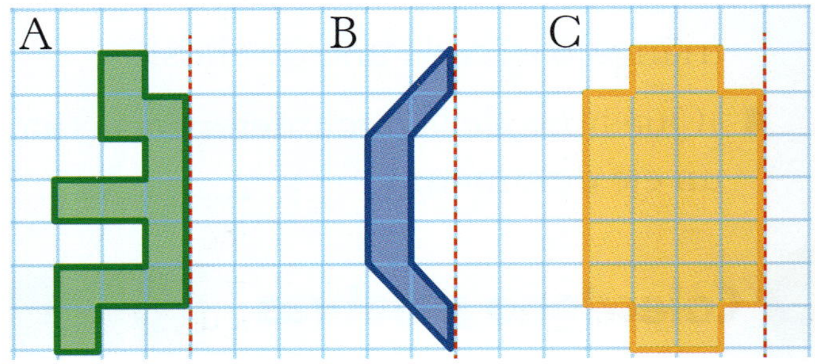

9 Copia en tu cuaderno las caras que sean simétricas respecto al eje dibujado:

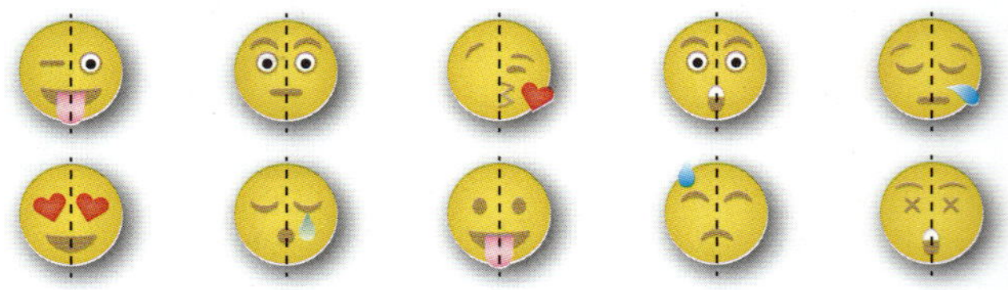

10 Calcula el perímetro y el área de estos polígonos:

Cómo he aprendido

PORTFOLIO 7

Recuerda seleccionar el material de trabajo de esta unidad para tu portfolio.

anayaeducacion.es Dispones de una versión imprimible de esta página en el «Portfolio» del banco de recursos.

1 Copia el diagrama y escribe como positivos los aspectos que hayas comprendido perfectamente y como negativos los aspectos en los que hayas tenido dificultades:

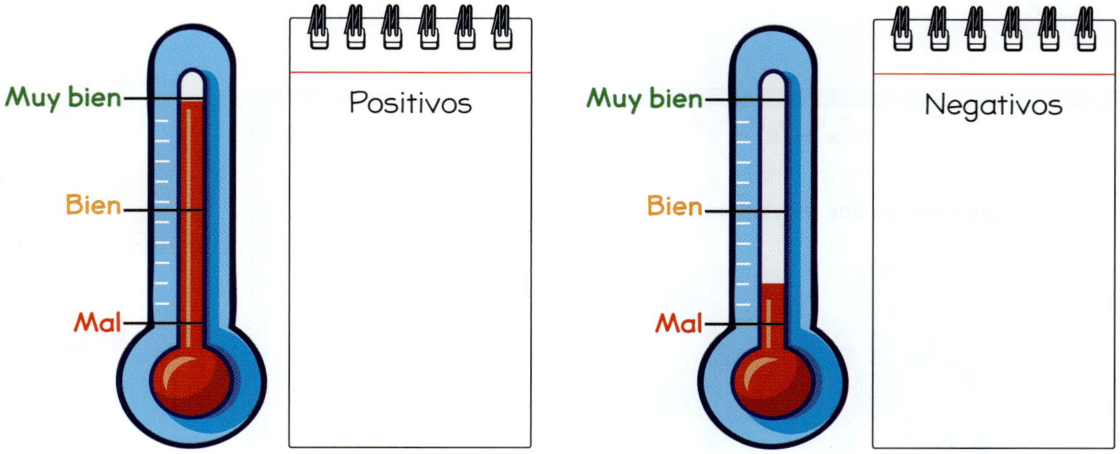

¿Cómo te sientes frente a los aspectos que has comprendido? ¿Y frente a los que no?

2 Copia la tabla en tu cuaderno y marca un ✓ en la casilla que corresponda según tu dificultad de aprendizaje de cada apartado:

Aprender qué es un polígono			
Clasificar los polígonos según sus lados			
Diferenciar las clases de triángulos según sus lados			
Distinguir entre la circunferencia y el círculo, y señalar sus elementos			
Comprender y trazar ejes de simetría			
Hallar el área de cuadrados y rectángulos			

3 Copia el diagrama y puntúa de 1 a 10 cada etiqueta en cuanto al estudio de esta unidad:

anayaeducacion.es Descubre y comparte en familia.

8 Las fracciones

Para jugar a algunos juegos, necesitamos un espacio (tablero, pista, etc.), que esté dividido en partes iguales.
Las fracciones nos ayudan a hacer estas partes.

Te proponemos un reto

¿Te atreves a usar las fracciones para divertirte en los recreos?

Para superar el reto… investigo y aprendo	Para demostrar que lo he superado… diseño un juego de patio
Las fracciones y sus términos	Paso 1: Comenzamos el diseño del juego.
Medios, tercios y cuartos	Paso 2: Pintamos el diseño.
Nombramos otras fracciones	Paso 3: Aprendemos a jugar y explicamos las normas.

Las fracciones y sus términos

Observa el tablero de juego de las tres en raya.

1

Está dividido en 9 **partes iguales.**

Cada parte es **un noveno:** $\frac{1}{9}$

2

En verde se han coloreado **dos novenos:** $\frac{2}{9}$

En rosa se han coloreado **tres novenos:** $\frac{3}{9}$

$\frac{1}{9}$, $\frac{2}{9}$, $\frac{3}{9}$ son **fracciones.**

Una **fracción** expresa algunas partes de la unidad dividida en partes iguales. Las fracciones tienen dos términos:

$\frac{2}{9}$

← **Numerador:** indica el número de partes que se toman.

← **Denominador:** indica el número de partes iguales en que se ha dividido la unidad.

Las fracciones se leen nombrando, primero, el numerador y, después, el denominador.

1 Escribe en tu cuaderno la fracción que representa la parte coloreada en cada figura:

A

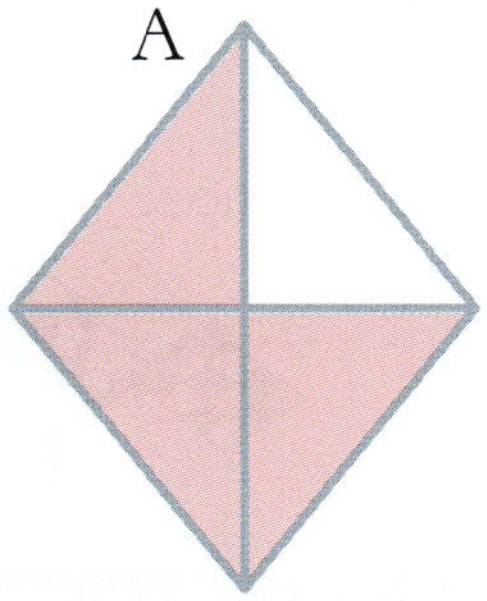

B

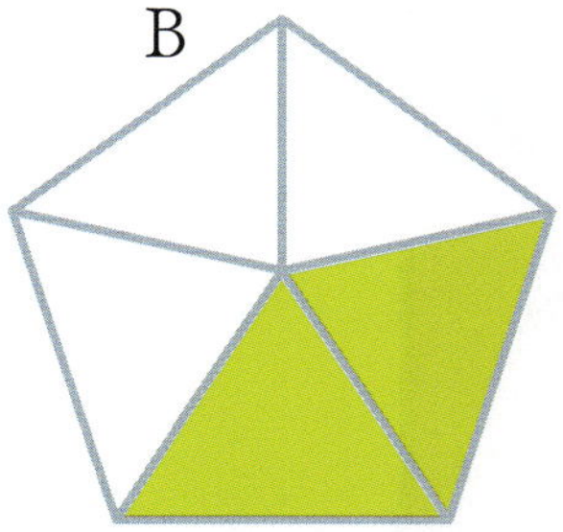

C

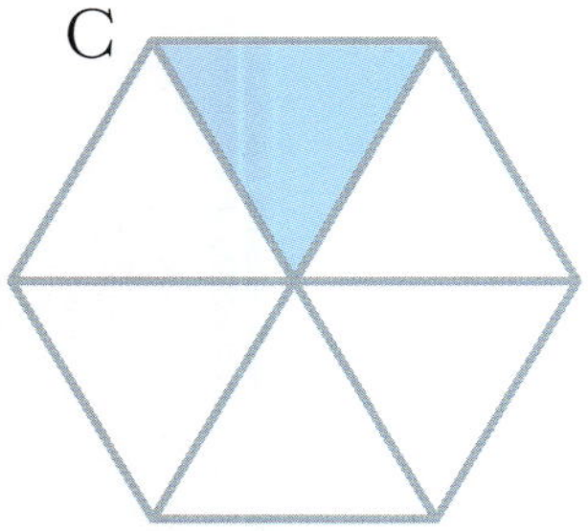

Paso 1 2 3

Comenzamos el diseño del juego.

Antes de llevar nuestro juego al patio, vamos a diseñarlo en una hoja de papel siguiendo estos pasos:

1.° Sobre papel cuadriculado, dibuja un rectángulo de 20 cuadraditos de largo y 10 de ancho.

2.° Divídelo en cuatro partes iguales, usando rectas verticales.

3.° Traza una línea horizontal que divida los cuatro rectángulos en ocho cuadrados.

2 Copia en tu cuaderno y colorea en cada figura la fracción que se indica:

A $\frac{2}{4}$ 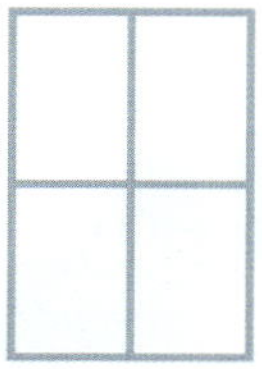

B $\frac{3}{3}$ 

C $\frac{6}{8}$ 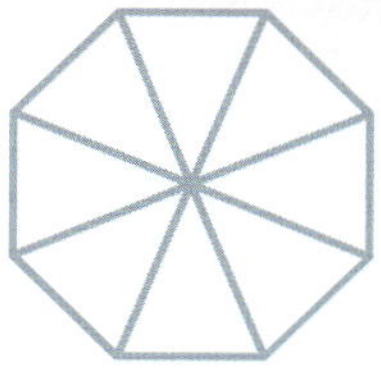

D $\frac{5}{6}$ 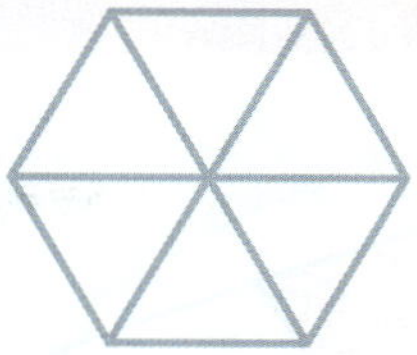

3 Representa en tu cuaderno estas fracciones y señala en cada una cuál es el numerador y cuál el denominador:

a) $\frac{2}{6}$ b) $\frac{4}{8}$ c) $\frac{5}{7}$ d) $\frac{2}{4}$ e) $\frac{7}{9}$

4 Lisa ha pintado dos rectángulos de amarillo y azul.

A 

B 

a) ¿Los dos rectángulos tienen la misma cantidad de pintura azul?

b) ¿En cuál de los dos rectángulos el color amarillo representa $\frac{1}{2}$?

5 Observa la rayuela de la derecha, que está dividida en nueve casillas iguales. Fíjate en cómo expresamos en el ejemplo la fracción que representan las casillas rojas:

Las casillas rojas son $\frac{4}{9}$ de la rayuela.

Expresa mediante fracciones la parte que representan las casillas azules y la que representan las casillas verdes.

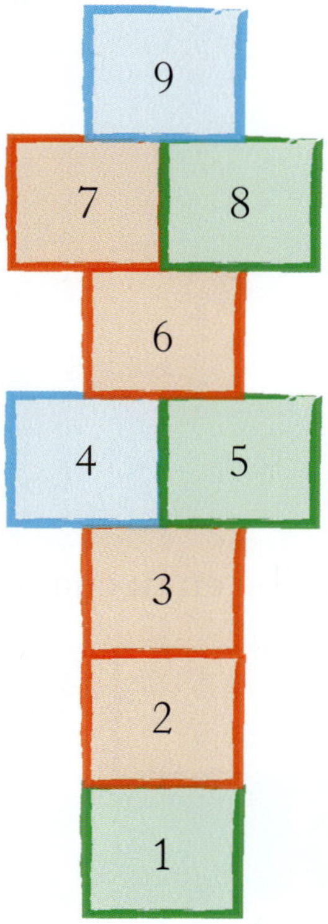

6 La semana tiene siete días. ¿Con qué fracción representarías el fin de semana? ¿Y los días que tienes colegio?

7 Folio giratorio Escribe tres situaciones de la vida cotidiana en las que se utilicen fracciones.

Cálculo mental

Suma 19 a números de dos cifras, como se indica en el ejemplo:

$36 \xrightarrow{+20} 56 \xrightarrow{-1} 55$

(36 → 55: +19)

13 + 19	26 + 19	68 + 19
58 + 19	41 + 19	37 + 19
73 + 19	79 + 19	
44 + 19	55 + 19	

Medios, tercios y cuartos

Un medio

Si la unidad se divide en dos partes iguales, cada parte es **un medio:**

$\frac{1}{2}$

Un tercio

Si la unidad se divide en tres partes iguales, cada parte es **un tercio:**

$\frac{1}{3}$

Un cuarto

Si la unidad se divide en cuatro partes iguales, cada parte es **un cuarto:**

$\frac{1}{4}$

1 Escribe en tu cuaderno qué fracción está coloreada en cada caso:

A

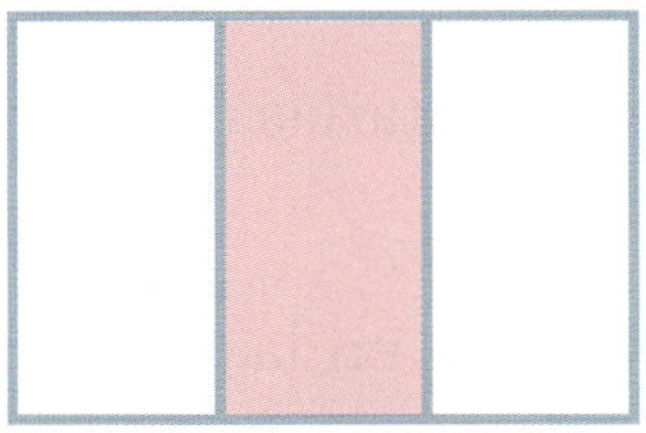

B

C

2 Copia estas figuras y colorea en cada una la fracción que se indica:

A

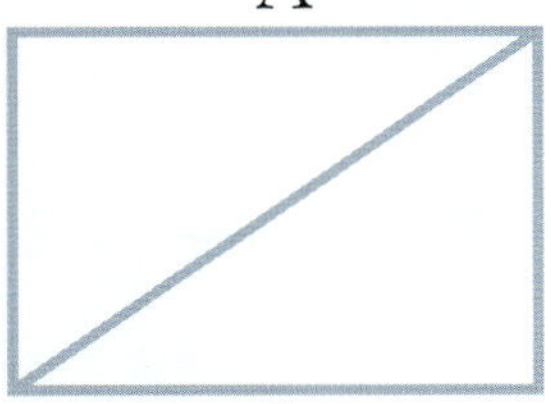

$\frac{1}{2}$

B

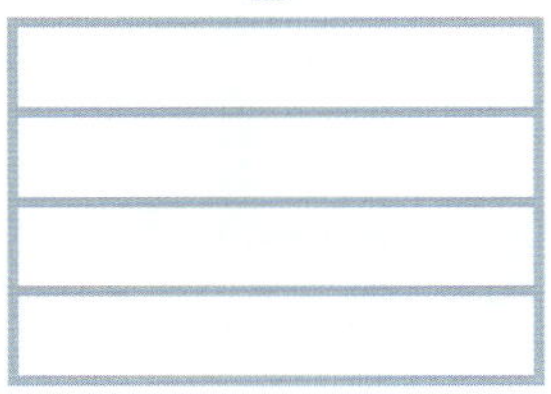

$\frac{1}{4}$

C

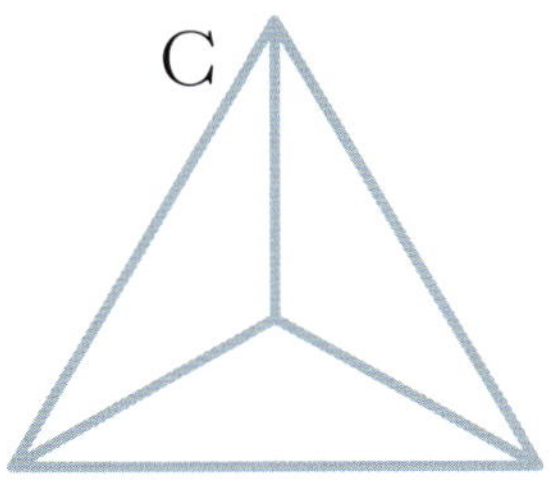

$\frac{1}{3}$

3 Dibuja en tu cuaderno estas figuras y colorea como se indica:

a) Un medio de azul.

b) Un tercio de verde.

c) Un cuarto de rojo.

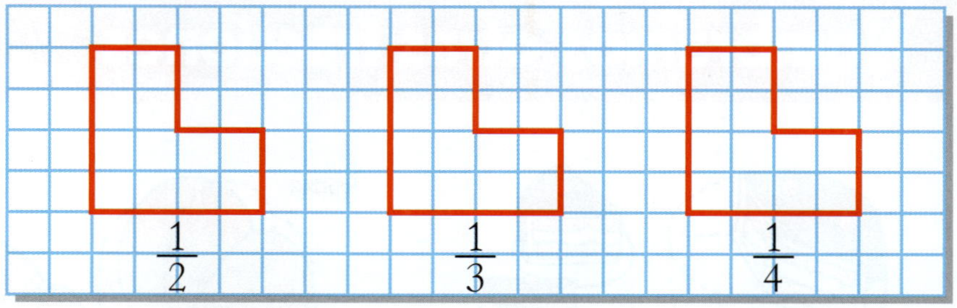

4 Copia cada oración en tu cuaderno y complétala con cifras y con letras, como en el ejemplo, a partir de la figura:

Un tarro de mermelada pesa medio kilogramo $\left(\frac{1}{2}\text{ kg}\right)$.

a) Cada botella pesa ...?... kilo (...?... kg).

b) Una bola pesa un ...?... de kilo (...?... kg).

Problemas

5 Matilde y Cayetana han comprado una *pizza*. Matilde come $\frac{1}{2}$, y Cayetana, el resto. ¿Qué fracción de *pizza* come Cayetana?

6 En una casa hay doce ventanas. Si la cuarta parte tiene las persianas bajadas, ¿cuántas persianas hay bajadas?

7 Un rebaño tiene 30 cabezas. La tercera parte son cabras, y el resto, ovejas. ¿Cuántas cabras y cuántas ovejas hay en el rebaño?

Cálculo mental

Resta 19 a números de dos cifras, como en el ejemplo:

$48 \xrightarrow{-20} 28 \xrightarrow{+1} 29$ ($48 - 19 = 29$)

28 – 19	31 – 19	46 – 19
67 – 19	75 – 19	80 – 19
58 – 19	61 – 19	
86 – 19	90 – 19	

1 2 Paso 3

Pintamos el diseño.

1.° Escoge cuatro octavos de la figura que estén juntos y coloréalos de verde.

2.° Pinta de azul tres octavos que estén juntos.

3.° Lo que queda, de rojo.

4.° Escribe en grande, sobre cada color, la fracción de la figura inicial que representa.

Nombramos otras fracciones

Tres **quintos:**

$\frac{3}{5}$

Dos **sextos:**

$\frac{2}{6}$

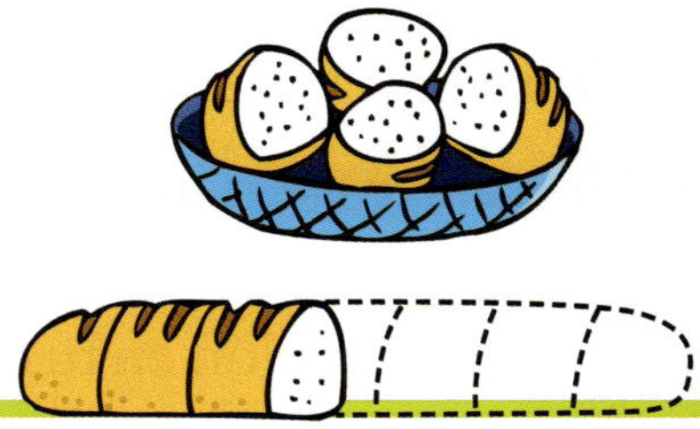

Cuatro **séptimos:**

$\frac{4}{7}$

Cinco **octavos:**

$\frac{5}{8}$

Seis **novenos:**

$\frac{6}{9}$

1 Escribe cómo se leen estas fracciones:

a) $\frac{3}{6}$ b) $\frac{4}{5}$ c) $\frac{2}{8}$ d) $\frac{1}{9}$ e) $\frac{7}{7}$

2 Escribe con números en tu cuaderno:

a) Tres cuartos.
b) Cuatro sextos.
c) Un medio.
d) Tres séptimos.
e) Cuatro octavos.
f) Nueve novenos.

3 Observa la ilustración y contesta a las siguientes preguntas:

a) ¿Cuántos son en la pandilla?
b) ¿Qué fracción de la pandilla viste de rojo?
c) ¿Qué fracción viste de verde?
d) ¿Y de amarillo?

4 En esta tabla está todo lo que ha merendado esta semana María:

Lunes	Martes	Miércoles	Jueves	Viernes	Sábado	Domingo

Copia y completa en tu cuaderno:

a) Ha tomado fruta ...?... de los siete días $\left(\frac{?}{?}\right)$.

b) Ha merendado sándwich ...?... de los siete días $\left(\frac{?}{?}\right)$.

c) Tomó bollería ...?... de los siete días $\left(\frac{?}{?}\right)$.

anayaeducacion.es En el banco de recursos de esta unidad dispones de actividades para ejercitar lo que has aprendido sobre las fracciones.

5 Arturo jugó al baloncesto este fin de semana. Encestó tres canastas de cinco intentos y jugó en tres de los cuatro cuartos del partido. ¿Cómo se escriben esos datos con fracciones?

¿Te gusta jugar en equipo con tus amigos y amigas? ¿Qué juegos en equipo practicas?

6 Escribe en tu cuaderno, con cifras y con letras, la fracción que representa la parte coloreada de cada figura:

A B C

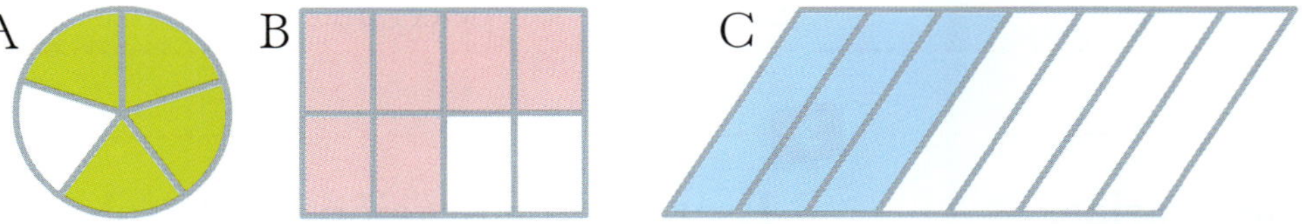

7 Tablero de historias Inventa y escribe una historia breve y coherente donde utilices fracciones.

Zona razona

Cabezas numeradas En la fiesta de cumpleaños de Amanda hay ocho niños en total.

Han decidido repartir la tarta en ocho partes del mismo tamaño con solo tres cortes.

¿Cómo lo harán?

1 2 3 Paso

Aprendemos a jugar y explicamos las normas.

Elegid el diseño que más os guste y, con ayuda, pintadlo en grande en el patio del colegio.

Desde una distancia fija, cada uno lanza una ficha y gana quien consiga caer en la fracción más pequeña. Si la ficha cae fuera del tablero, se pierde; y si cae entre dos colores, se repite la tirada.

Compartid vuestro juego con otras clases. Explicad las reglas del juego y cómo habéis diseñado el terreno de juego.

Resuelvo problemas

Hago un dibujo o un esquema

En muchas ocasiones, la resolución de un problema se simplifica si hacemos un dibujo o un esquema de la situación propuesta en el enunciado, como veremos en el siguiente ejemplo:

Ejemplo

Natividad tiene 15 canicas. La tercera parte son de cristal, cinco de cerámica y las demás de acero. ¿Cuántas canicas tiene de acero?

1 **Organizo los datos en un esquema.**

- Total de canicas: 15
- Canicas de cristal: $\frac{1}{3}$ del total.
- Canicas de cerámica: 5

2 **Realizo las operaciones necesarias.**

Al total de canicas le resto las canicas de cristal y las de cerámica:

$$15 - 5 - 5 = 5$$

3 **Escribo una oración con la solución.**

Natividad tiene 5 canicas de acero.

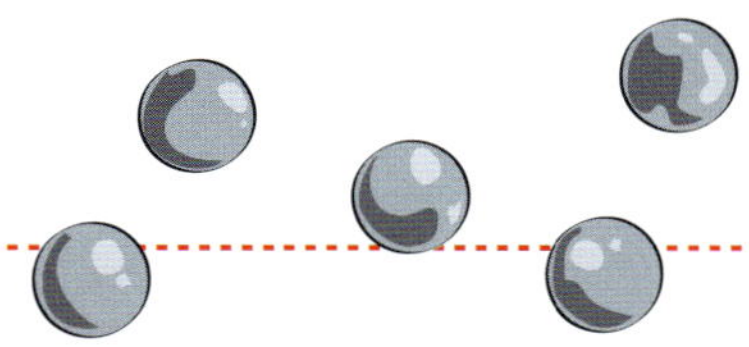

Ahora tú

1 En una bolsa hay 20 gominolas. La mitad son de naranja; la cuarta parte, de limón, y el resto, de fresa. ¿Cuántas gominolas de fresa hay?

2 Isabel, Ángeles y Miguel van a comprar un pañuelo que cuesta 30 euros para regalárselo a su madre. Isabel pone la quinta parte del dinero; Ángeles, otra quinta parte, y Miguel pone el resto. ¿Cuánto pone Miguel?

3 En mi clase somos treinta. La tercera parte se ha apuntado al taller de teatro; un tercio, al taller de costura, y los demás, al coro. ¿Cuántos hemos elegido el coro?

4 Antonia sale de casa con 20 euros. Gasta una cuarta parte en un bocadillo, otra cuarta parte en un cómic y el resto en un libro. ¿Cuánto costó el libro?

Organizo mi mente

1 Copia y completa el esquema en tu cuaderno:

Fracciones

se escriben

numerador / denominador

- numerador — indica — Número de ...?... que se toman
- denominador — indica — Número de partes ...?... en que se divide la unidad

ejemplos

- $\frac{2}{6}$: dos sextos
- $\frac{1}{3}$: un ...?...
- $\frac{3}{?}$: tres octavos

anayaeducacion.es Dispones de una versión imprimible de esta página en el apartado «Organizo mi mente» del banco de recursos.

anayaeducacion.es No olvides consultar los apartados «Para estudiar» y «Aprende jugando» en el banco de recursos.

2 Escribe con fracciones los trozos de *pizza* que quedan y los que se han comido:

a) 

b) 

Señala en cada caso cuál es el numerador y cuál el denominador y di lo que indica cada uno.

3 Escribe con números estas fracciones:

a) Seis octavos.
b) Nueve novenos.
c) Cuatro quintos.
d) Un medio.

4 Escribe una fracción con:

a) Los días de la semana que practicas una actividad extraescolar.
b) Los días de la semana que coges el autobús.

Colecciono palabras

1 Completa las siguientes oraciones para que sean verdaderas:

a) En una fracción, la unidad está dividida en partes ...?... .
b) Para leer una fracción, se nombra primero el ...?... y después el ...?... .

2 Escribe cómo se leen estas fracciones:

a) $\frac{2}{3}$ b) $\frac{4}{5}$ c) $\frac{3}{7}$ d) $\frac{7}{9}$

3 Corrige el nombre de las fracciones:

$\frac{2}{3}$ → Tres medios
$\frac{1}{5}$ → Un quintal
$\frac{4}{8}$ → Ocho cuartos
$\frac{6}{8}$ → Seis ochos

4 ¿Qué palabras nuevas has aprendido?

Escribe y pon ejemplos de la vida cotidiana donde las emplearías.

Qué he aprendido

1 Escribe en tu cuaderno la fracción que representa la parte coloreada de cada figura:

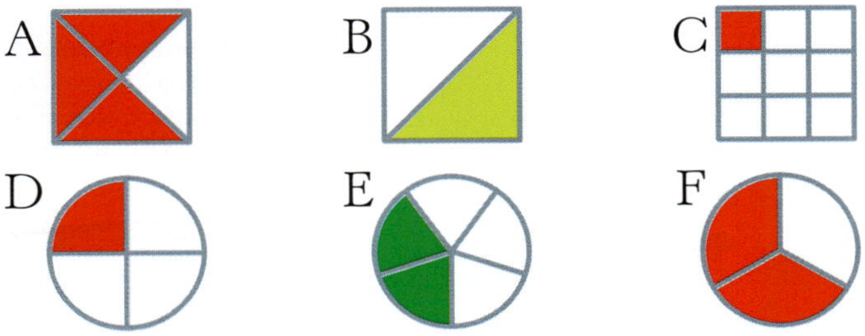

2 Expresa con una fracción la cantidad de agua que hay en cada jarra:

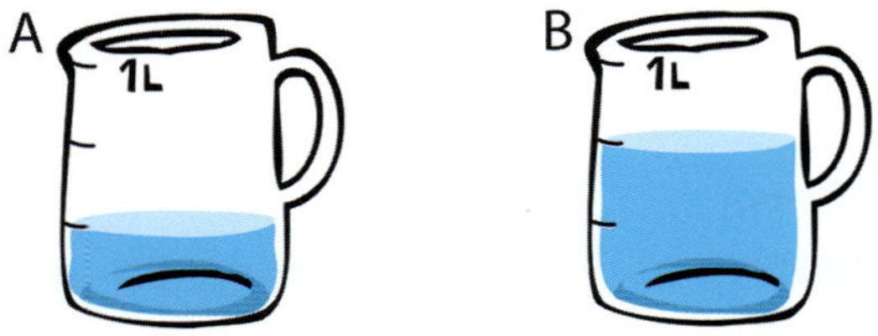

3 ¿Qué fracción de los meses del año comienzan por vocal? ¿Y cuál por consonante?

Enero	Mayo	Septiembre
Febrero	Junio	Octubre
Marzo	Julio	Noviembre
Abril	Agosto	Diciembre

4 Copia estas figuras y colorea la fracción que se indica en cada caso:

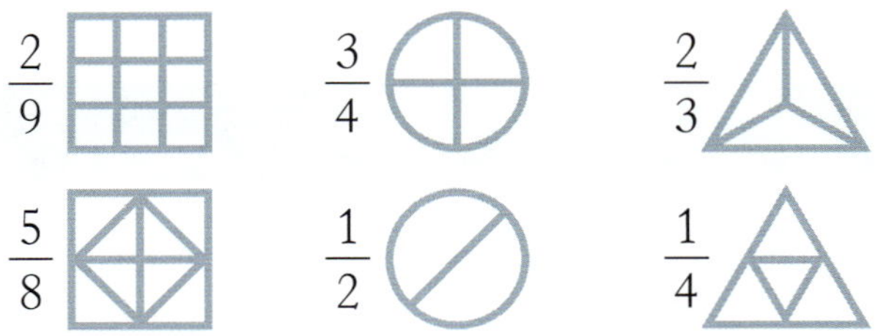

5 Observa y contesta en tu cuaderno.

¿Qué fracción de las frutas son manzanas? ¿Y naranjas? ¿Y peras?

6 Copia y colorea un quinto de los triángulos de rojo y dos quintos de verde.

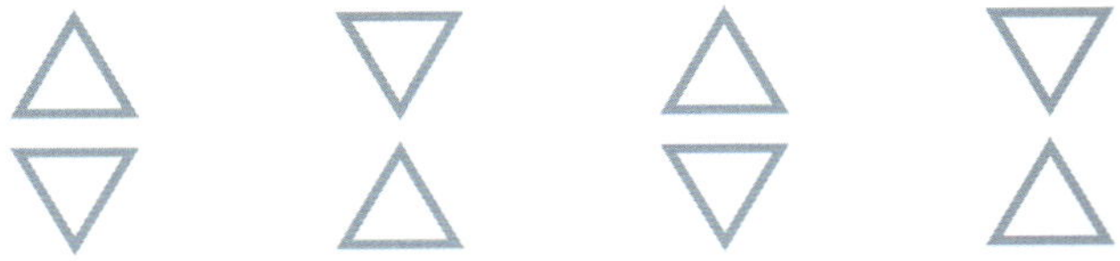

7 Busca en Internet la bandera de Portugal. ¿Es cierto que sea $\frac{1}{2}$ verde y $\frac{1}{2}$ roja? Justifica tu respuesta. Busca, al menos, dos ejemplos de banderas que estén divididas en partes iguales.

Resuelvo problemas

8 Germán duerme un tercio del día y trabaja ocho horas. ¿Cuántas horas libres le quedan en el día?

9 Jesús ha comprado una chocolatina y ha comido cinco sextos. ¿Qué trozo es mayor, el que ha comido o el que le queda?

10 Las tres quintas partes de los animales de una granja son vacas, y el resto, cerdos. ¿Qué fracción de los animales son cerdos?

11 Eva compró media docena de huevos y gastó un tercio en una tortilla. ¿Cuántos huevos le quedan?

Avanzo

12 Oihana salió a pasear y, cuando llevaba dos kilómetros recorridos, calculó que aún le quedaba un tercio del camino. ¿Qué distancia pensaba recorrer en total?

Cómo he aprendido

PORTFOLIO 8

Recuerda seleccionar el material de trabajo de esta unidad para tu portfolio.

anayaeducacion.es Dispones de una versión imprimible de esta página en el «Portfolio» del banco de recursos.

1 Copia y completa la tabla en tu cuaderno:

¿Qué he hecho?	
¿Dónde lo he aplicado y lo puedo seguir aplicando?	
¿Había hecho antes algo parecido?	
¿Por qué lo he hecho?	
¿Con qué lo he hecho?	
¿Con quiénes lo he hecho?	

2 Pide a un compañero o una compañera que te evalúe de 1 a 4 y haz tú lo mismo con alguien de la clase:

	4 Excelente	3 Bien	2 Regular	1 Mal
Participación en clase				
Atención en clase				
Ganas de aprender				

a) ¿Estás de acuerdo con su valoración?

b) Escribe un compromiso para mejorar alguno de los aspectos sobre los que te han evaluado.

3 Piensa en el trabajo hecho con tus compañeros y compañeras de clase. Copia y completa en tu cuaderno:

De mis compañeros y compañeras he aprendido...

De mí, mis compañeros y compañeras han aprendido...

anayaeducacion.es Descubre y comparte en familia.

Repaso trimestral

U·5 a 8

Números

1 Escribe cómo se leen estos números:

a) 3 208 c) 9 283 e) 9 932

b) 6 003 d) 2 392 f) 4 347

¿Qué valor tiene la cifra 3 en cada uno de ellos?

2 Escribe con cifras estos números y ordénalos de menor a mayor:

a) Dos mil cincuenta y dos.

b) Seis mil doscientos cincuenta.

c) Ocho mil cincuenta.

d) Cuatro mil setecientos ochenta y seis.

3 Descompón como en el ejemplo:

3 719 = 3 000 + 700 + 10 + 9
3 719 = 3 UM + 7 C + 1 D + 9 U

a) 4 824 b) 8 506 c) 9 308 d) 2 007

4 Escribe con cifras y con letras los números formados por:

a) 3 UM + 8 C + 5 U d) 7 000 + 300 + 3

b) 6 UM + 8 C + 2 D e) 4 000 + 400 + 40

c) 8 UM + 7 C + 3 U f) 3 000 + 50 + 4

5 ¿Qué número representa cada letra?

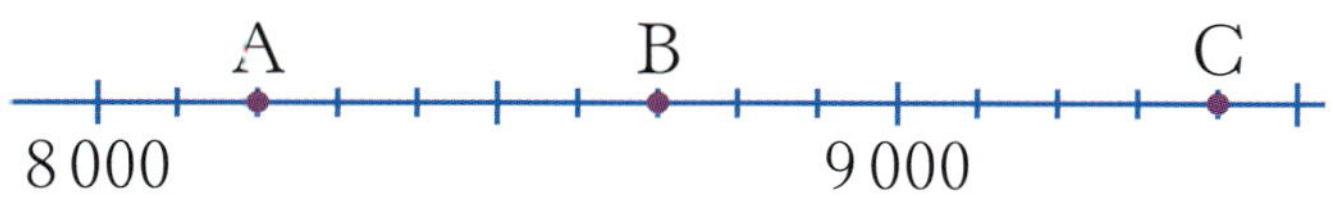

6 Elige la tarjeta que tenga la cantidad menor:

9 UM | 990 + 9 | 90 D | 99 C + 9 U

7 Copia en tu cuaderno y escribe el signo > o <, según corresponda:

3 754 ◯ 3 574 3 532 ◯ 2 353

6 893 ◯ 6 983 6 932 ◯ 6 392

7 810 ◯ 7 801 8 812 ◯ 8 028

8 Con las cifras 2, 4, 6 y 8, utilizándolas solo una vez cada una, escribe:

a) El mayor número par posible superior a 8 600.

b) El mayor número comprendido entre 6 000 y 7 000.

9 Aproxima cada número a la centena y al millar más próximos:

Número	Centena más próxima	Millar más próximo
2 814		
5 395		
9 826		

10 ¿Cuál es la undécima letra del abecedario? ¿Y la decimoquinta? ¿Y la vigésima?

11 Ana ocupa el decimoséptimo puesto, Lola va cinco puestos por delante de Ana, y Beatriz, dos puestos por delante de Lola. ¿Qué puesto ocupa cada una?

12 Copia y completa en tu cuaderno la tabla:

Fracción	$\frac{2}{3}$	$\frac{1}{4}$	$\frac{3}{5}$	$\frac{2}{6}$	$\frac{4}{9}$	$\frac{5}{6}$	$\frac{1}{2}$
Numerador							
Denominador							

13 ¿Cuál de estos círculos está dividido en cuatro partes iguales?

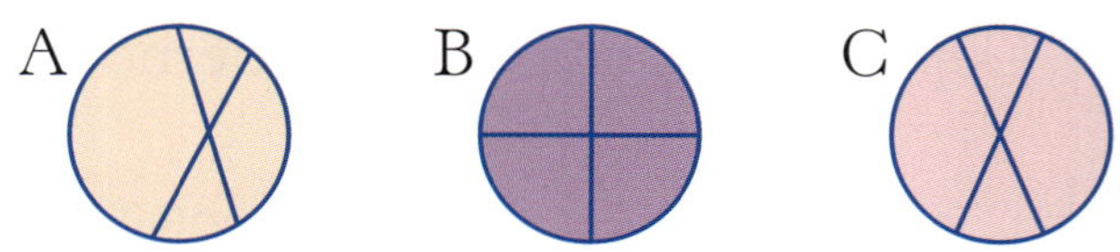

14 Escribe la fracción que representa la parte coloreada de cada figura.

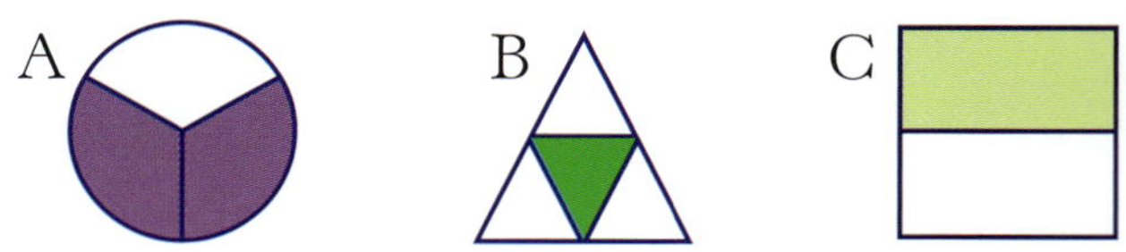

15 Nombra estas fracciones:

a) $\frac{3}{4}$ b) $\frac{2}{3}$ c) $\frac{4}{9}$ d) $\frac{1}{2}$

16 Escribe con cifras estas fracciones:

a) Siete octavos. c) Cuatro sextos.
b) Tres quintos. d) Dos tercios.

Operaciones

17 Coloca en vertical y calcula:

a) 3 084 + 467 + 376 c) 7 031 – 849
b) 632 + 408 + 2 099 d) 2 306 – 1 457

18 Copia en tu cuaderno y tacha el resultado más próximo.

784 + 503	→	1 300	1 500	1 200
1 273 + 5 885	→	6 000	7 000	8 000
6 859 – 2 033	→	5 000	6 000	7 000

19 Haz estas sumas de tres formas distintas:

a) 6 + 15 + 20 b) 12 + 10 + 8

20 La suma de los tres números de cada figura es 1 000. Copia las figuras y escribe los números que faltan:

250
500

	350	150

350
525

21 Resuelve teniendo en cuenta el paréntesis:

a) 89 – (36 + 25) c) 99 – (46 – 17)
b) 96 – (54 + 22) d) 6 + (13 – 4) + 9

22 La suma de nueve de los diez primeros números es 52. ¿Qué número no se ha sumado?

23 Expresa en tu cuaderno cada suma en forma de multiplicación y calcula el resultado:

a) 5 + 5 + 5 + 5 + 5 + 5
b) 4 + 4 + 4 + 4

24 Copia y completa la tabla en tu cuaderno:

	Factores	Producto
8 × 5		
4 × 9		
6 × 7		

25 Escribe en tu cuaderno:

a) El doble de 9.
b) El triple de 7.
c) El doble de 8.

26 Copia y completa como en el ejemplo:

3 × 4 = 4 × 3 = 12

a) 7 × 4 b) 5 × 6 c) 9 × 3

27 Elena compra doce libros de esta colección. ¿Cuánto paga por ellos?

28 Realiza estas operaciones:

34 × 2 13 × 3 21 × 4 41 × 3
235 × 8 254 × 6 363 × 5 285 × 9

29 Aproxima a la unidad de millar y, después, multiplica:

a) 4 156 × 2 c) 2 902 × 3
b) 2 135 × 4 d) 1 895 × 4

anayaeducacion.es Consulta la ficha «Usa las TIC de forma segura III» en el banco de recursos.

30 Copia y completa la tabla.

×	10	100	1 000
7			
9			
5			
3			

31 Expresa con una multiplicación el número de euros.

32 En un corral hay 8 conejos y 10 gallinas. Calcula cuántas cabezas y cuántas patas hay.

33 Completa en tu cuaderno:

Dividendo	56		47	58	
Divisor	7	9	6		5
Cociente		6		9	8
Resto		0		4	3

34 Realiza estas divisiones y haz la prueba:

a) 94 | 8 c) 85 | 3 e) 76 | 6

b) 820 : 3 d) 863 : 4 f) 880 : 6

35 Di cuáles de los siguientes números son divisibles por 2:

17 - 14 - 26 - 23 - 40 - 55 - 61

Geometría

36 ¿Cómo son entre sí las rectas azul y verde? ¿Y las rectas roja y azul?

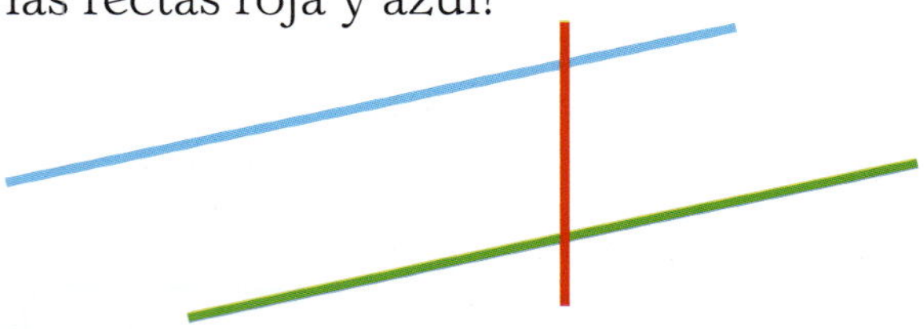

37 Clasifica los ángulos según su abertura:

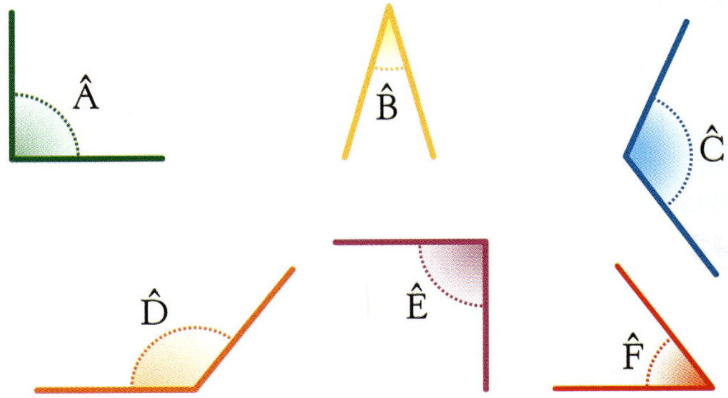

38 Observa los dibujos de la ermita. ¿Desde dónde está hecho cada dibujo?

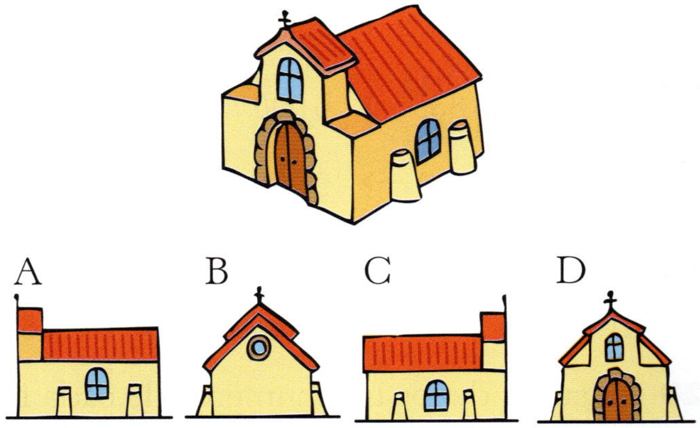

39 Nombra estos polígonos:

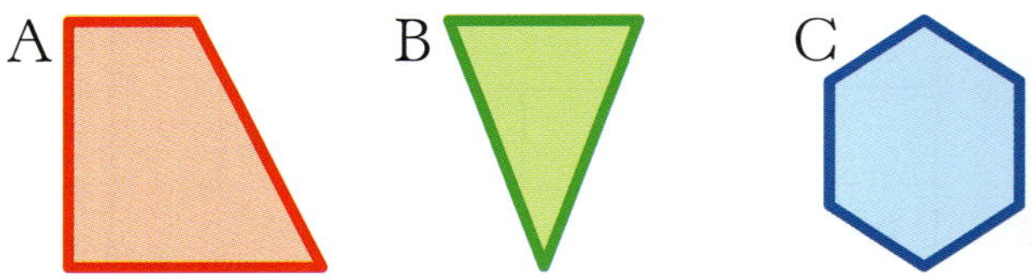

40 Copia y escribe en tu cuaderno los elementos de la circunferencia:

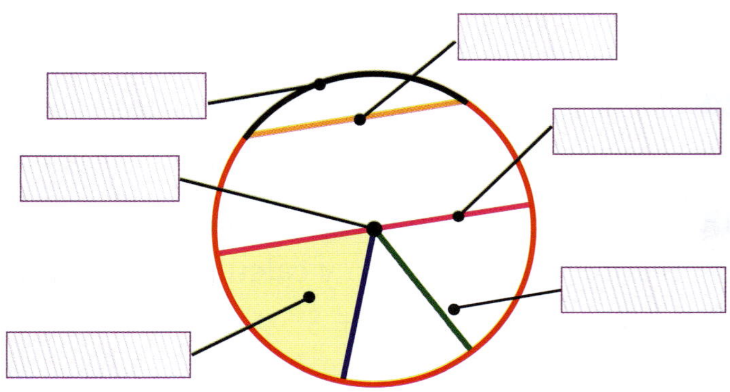

41 Copia y completa en tu cuaderno:

a) En una circunferencia, el radio mide 6 cm y el diámetro ...?... cm.

b) El diámetro de un círculo mide 20 cm y el radio ...?... cm.

42 ¿Qué figura de las tres tiene eje de simetría?

A B C

43 Copia estas figuras y traza los ejes de simetría de cada una:

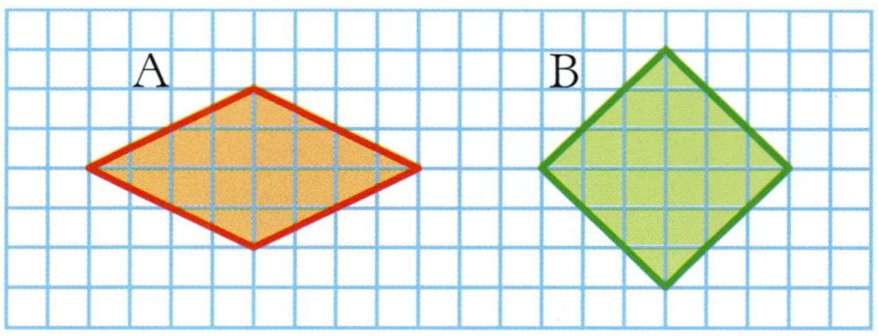

44 ¿Cuánto mide el área de un cuadrado de 3 u de lado? ¿Y el de un rectángulo de lados 4 u y 6 u?

Tratamiento de la información

45 Clasifica estos datos en cuantitativos y cualitativos:

a) Comida favorita.

b) Profesión que te gusta.

c) Número de alumnos de tu clase.

d) Número de goles marcados por tu equipo.

46 Pregunta a los alumnos y las alumnas de tercero cuál es su deporte preferido. Con los datos que obtengas, construye una tabla y represéntalos en un gráfico de barras.

Azar

47 De las siguientes situaciones, indica cuáles son aleatorias:

a) Mi equipo ganará la copa.

b) Sacaré un as de la baraja.

c) Mañana amanecerá.

d) El sábado granizará.

e) Si pincho un globo, estallará.

Problemas

48 Selecciona los datos necesarios y resuelve.

Jorge tiene 52 cromos de la liga de fútbol y 72 cromos de la liga de baloncesto. Pega sus cromos de baloncesto en un álbum donde coloca seis por página.

¿Cuántas páginas del álbum completará?

49 Simplifica el problema.

¿Cuántas veces aparece la cifra 3 desde el número 1 hasta el 40?

- Comienza del 1 a 10, del 11 a 20…

50 Tantea, ensaya, prueba.

¿Cuántos cuadrados, iguales y distintos, podemos encontrar en la siguiente figura?

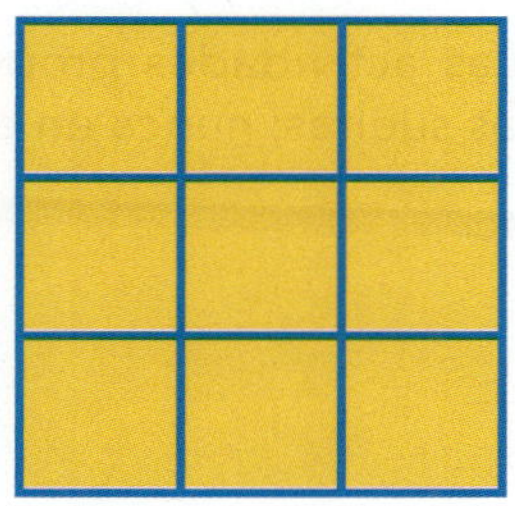

51 Haz un dibujo o un esquema y resuelve.

Un sacapuntas y un lapicero cuestan 90 céntimos. Un lapicero y una goma cuestan 75 céntimos. Una goma cuesta 25 céntimos. ¿Cuánto cuesta un sacapuntas?

PIEZA A PIEZA Es un proyecto educativo de Anaya para Educación Primaria.

En la realización de este libro han intervenido:

- **Equipo de edición:** María Ferrond, Manuel Gil, Margarita Marcos, Ángela Valdés, Carlos Vallejo.
- **Claves pedagógicas para esta edición:** Víctor José Quevedo Blasco.
- **Diseño y gráficos:** Patricia G. Serrano, Juan Carlos Quignon.
- **Ilustración:** Pablo Vázquez, Alins Illustration Studio, M.ª Carmen Fuente, Julio Vázquez, Miguel Ángel Díaz-Rullo, Miguel Ángel Castillejos.
- **Maquetación:** Isabel Román.
- **Corrección:** Miguel Ángel Alonso.
- **Edición gráfica:** Olga Sayans.
- **Fotografías:** Age Fotostock (HUMBERT/BSIP; Lluís Real), Archivo Anaya (Boé, O.; Cosano, P.; H. Moya, B.; Osuna, J.; Padura, S.; Sánchez, J.), Depositphotos (akinshin; kavita) Thinkstock (Mike Powell; soleg), 123RF (Christos Georghiou; discovod; ktsdesign; tawhy; Valmir Abreu Braz Junior; Vitaly Titov; Wesley Abrams).

Las **normas ortográficas** seguidas en este libro son las establecidas por la Real Academia Española en la *Ortografía de la lengua española,* publicada en el año 2010.

Nuestras publicaciones mantienen el rigor en el uso y en la selección de los contenidos, en las imágenes y en el lenguaje, para cumplir con la **no discriminación** por razón de género, cultura u opinión.

IMPORTANTE. Las actividades propuestas en este libro deben ser realizadas en cuadernos u hojas sueltas; nunca en el propio libro.

ISBN: 978-84-698-2586-0 - Depósito Legal: M-580-2019 - Printed in Spain.

ET034419/1E1I - 8381922